|“三棵菜”安全生产系列|

豇豆常见病虫害诊断与防控技术手册

U0394710

谢 文 主编

中国农业出版社
北 京

内容简介

本书是作者基于对豇豆病虫害发生种类及规律研究的田间实践经验，结合相关知识编写而成。全书内容包括豇豆常见病害和虫害，以及豇豆常见病虫害绿色防控技术方案，采用图文并茂的方式，分别对豇豆常见病虫害的识别、发生规律、危害症状及防治措施等进行了详细介绍，适用于指导豇豆种植户进行生产管理。该书的出版将为农业技术推广人员和农民群众提供有益帮助，对促进豇豆产业快速、可持续发展具有十分重要的意义。

编写人员名单

主　编：谢　文

副主编：孔祥义　吴明月　熊延坤

参　编：符振实　姜　培　李　晴
李少卡　任宗杰　史彩华
吴青君

前言
FOREWORD

豇豆是我国的一种重要蔬菜，由于其喜温喜光，更适合在南方种植。豇豆病虫害问题（例如枯萎病、根腐病、蓟马、斑潜蝇等）一直是影响豇豆产业绿色发展的主要阻碍。为了有效控制豇豆病虫害发生，农民往往通过提高用药浓度及用药频率来快速降低病虫害种群数量，这不仅导致病虫抗药性增加，还易造成农药残留超标，引起食品安全问题，严重影响豇豆产业的可持续发展。

为促进豇豆产业绿色、高质量、可持续发展，实现豇豆病虫害科学高效防控，笔者编写了《豇豆常见病虫害诊断与防控技术手册》。本手册以文图并茂的方式，详细介绍了豇豆常见病虫害的种类、特征特点、发生规律、危害症状以及综合防治措施等，为豇豆安全生产提供了保障，可供基层农技推广人员和豇豆种植户参考使用。

本手册由谢文主编，孔祥义、吴明月、熊延坤副主编，符振实、姜培、李晴、李少卡、任宗杰、史彩华、吴青君参编。在此，衷心感谢各位编写人员的辛勤付出。同时感谢农业农村部种植业管理司、全国农业技术推广服务中心、中国农业科学院蔬菜花卉研究所以及三亚市热带农业科学研究院等单位的鼎力支持。

由于各地区的气候条件、栽培模式、种植结构、设施条件、土壤条件以及种植者管理水平的差异，导致不同年份、不同种植区豇豆病虫害的种类、数量、危害程度不尽相同。本手册根据编者多年的实践经验，参考研究报告等资料编写而成，文中若存在不足或者不恰当的地方，请各位专家学者、同行和种植能手多多批评指正。

编　者

2022年2月于北京

目录
CONTENTS

第二部分

豇豆常见虫害

第一部分

豇豆常见病害

第一节　豇豆枯萎病

豇豆枯萎病是一种土传性真菌病害，广泛分布于我国豇豆种植区，是豇豆生产中危害最为严重的病害之一。该病除危害豇豆外，还可危害菜豆。

1.病原菌

病原菌为尖镰孢（*Fusarium oxysporum*），属半知菌亚门。有大型和小型两种分生孢子，大型分生孢子镰刀形，略弯曲，顶端细胞稍尖；小型分生孢子椭圆形或卵形，厚垣孢子单生或串生。生长发育适温27 ～ 30℃，最高40℃，最低5℃。最适pH为5.5 ～ 7.7，酸性条件利于分生孢子的芽管生长。

2.危害症状

主要侵染根部，并侵入维管束，形成系统侵染，导致整株发黄萎蔫。纵向切开病株根部和茎基部可发现内部维管束组织

A
B
C

豇豆枯萎病发病部位及症状

A.地下根部维管束变褐 B.地上部分变黄萎蔫 C、D.田间症状

呈褐色。发病初期植株地上部分枯萎，夜间可恢复，几天后植株黄萎枯死。靠近土壤的植株基部呈黑褐色腐烂，有时表面可见粉红色霉状物。

3.发病规律与侵染循环

发病规律：豇豆种植过密、通风透光性差容易发病；多年连作、排水性差及土壤偏酸地块发病严重。

侵染循环：病原菌以菌丝体和厚垣孢子随病残体在土壤中存活多年，条件适宜可从豇豆根尖细胞或伤口侵入，菌丝迅速蔓延至维管束，并分泌毒素或菌丝阻塞导管。以发病植株为中心，分生孢子随气流、雨水及农事操作等向四周扩散形成再侵染。

4.防治措施

(1) 农业防治：①种植抗病品种，2 ~ 3年豇豆连作地块，进行水旱轮作种植可降低发病率。②高垄深沟地膜覆盖种植，施足底肥，以无菌有机肥为主，复合肥为辅。③做好水肥管理，提高植株抗逆性；避免高温浇水、大水漫灌；浇水时可施用三元复合肥15千克/亩顺水冲灌；或叶面施用尿素、磷酸二氢钾等叶面肥以增强植株长势。④及时清理田间卫生，及时摘除发病初期病叶，病株严重时可拔除，株穴用生石灰消毒，田间杂草及时清除。

（2）药剂防治：①种子消毒处理：1千克种子用4克50%多菌灵可湿性粉剂进行拌种消毒。②发病初期“上喷下灌”：植株生长中期或发病初期喷施40%敌磺钠可湿性粉剂600倍液或50%异菌脲可湿性粉剂1 500倍液，或用50%多菌灵可湿性粉剂100倍液灌根（每株灌150 ～ 200毫升），每隔10 ～ 15天1次，连续防治2 ～ 3次。

（3）综合防治：坚持预防为主、综合防治的原则。定植地块撒石灰消毒，并在施足有机肥底肥后深翻晒土起高垄。种植时可选用50%多菌灵可湿性粉剂（1千克种子加4克药）拌种消毒。生长期注意肥水及田间卫生管理，及时摘除发病初期病叶，病株严重时拔除植株，株穴用生石灰消毒；并采用“上喷下灌”法进行药剂防治。

第二节　豇豆根腐病

豇豆根腐病是豇豆生产上重要的土传性真菌病害，该病害在我国豇豆种植区普遍发生危害，尤其是在海南连作严重地块发生极为严重，现已成为豇豆生产上重要的限制因素。该病除危害豇豆，还可危害菜豆等其他豆科蔬菜。

1.病原菌

病原菌为腐皮镰孢大豆专化型（*Fusarium solani* f. sp. *glycines*），属半知菌亚门。菌落白色薄绒状，孢子有分生孢子和厚垣孢子两种，分生孢子分大型和小型两种。

2.危害症状

主要侵染植株根部或茎基部，病部产生褐色或黑色斑点，由侧根开始侵染，后整个根系腐烂和坏死。植株由下而上发黄直至全株萎蔫死亡，根部裂陷、皮层脱落。潮湿时病部有白色菌丝和粉红色霉状物。

豇豆根腐病发病部位及症状

A.茎基部着生粉红色霉状物　B.地下根部腐烂、开裂坏死　C.苗期植株地上部分全株枯萎

3.发病规律与侵染循环

发病规律：温度范围24 ～ 28℃、湿度80%左右为最适发病条件。13 ～ 35℃范围内，透光性差、环境湿度大、管理不当的豇豆园发病重。

病害循环：病原菌于病残体中存活，并借雨水、灌溉水及带菌肥料和土壤等接触新寄主，于根部伤口侵入进行侵染，条件适宜时引起植株发病并向四周扩散再侵染。

4.防治措施

（1）农业防治：①豇豆多年连作地块进行与非豆科作物轮作，采用高垄覆地膜栽培模式；播种前结合整地撒施石灰（每亩50 ～ 80千克）进行土壤消毒，可起到调节土壤酸碱度的作用；或使用99%噁霉灵可湿性粉剂与25%咪鲜胺可湿性粉剂、40%敌磺钠可湿性粉剂混合对土壤进行消毒处理，从而降低根腐病发病率。②水肥管理适当，及时排除田间积水；底肥多施充分沤制的腐熟有机肥，开花结荚期轻施氮肥，偏施磷、钾肥，增强植株长势。③及时清理田间病株，发现田间发病植株可及时拔除带出田外，同时每株穴撒施石灰消毒。

（2）药剂防治：发病初期采用“上喷下灌”法进行药剂防治，喷施生物制剂3亿CFU*/克哈茨木霉菌粉剂3克（稀释1 000倍）+100亿芽孢/克枯草芽孢杆菌可湿性粉剂1.5克（稀释1 000倍）混合液，或99%噁霉灵可湿性粉剂与25%咪鲜胺可湿性粉剂按1 ∶ 10重量比混用，兑水1 000倍，或35%碱式硫酸铜

* CFU表示菌落形成单位，全书同。——编者注

悬浮剂500倍液+54.5%噁霉·福美双可湿性粉剂1 000倍液灌根处理。隔7～10天施1次，连续施用2～3次，注意各药剂轮换或交替使用。

（3）**综合防治**：栽培地块施用石灰进行土壤消毒，深耕晒田，采用高垄结合膜下滴灌的栽培模式，避免沟水漫灌造成土壤积水。田间播种无菌种子，生长期发现病株及时拔除，并对发病处的土壤撒施石灰进行消毒。发病初期采用“上喷下灌”的施药方式进行化学药剂防治。注意豇豆根腐病是一种土传性病害，病原菌多在植株根际土壤及根部维管束中，植株根部灌根处理要比叶面喷雾效果佳。

第三节 豇豆锈病

豇豆锈病是豇豆主要病害之一，在国内外豇豆种植区普遍存在，我国以中南及西南地区受害较重。发生严重时，可使叶片成片发病干枯，中下部老叶发病严重，直接导致豇豆减产及品质下降，对豇豆生产有较大影响。

1.病原菌

病原菌为豇豆单胞锈菌（*Uromyces vignae* Barcl），属担子菌亚门真菌，田间多以夏孢子和冬孢子存在，黄褐色的夏孢子在27℃且湿润条件下经1.5小时即可萌发感染寄主植物。

2.危害症状

主要危害叶片，严重时茎蔓、叶柄和豆荚也易受害。叶片发病严重，由植株下部老叶开始发病并向上蔓延；初期叶背为黄色近圆形小斑点，渐变为褐色，后期叶片正、反两面均隆起锈色小脓疱状、伴有黄色晕圈、近圆形的病斑，脓疱顶部破裂散出红褐色夏孢子堆，用手摸可见红褐色粉状物。茎蔓和叶柄发病产生的夏孢子堆形成近圆形或短条状病斑，或围生一圈长圆形病斑。后期发病严重，植株中下部叶片成片干枯。

豇豆锈病发病部位及症状

A.叶片正面病斑近圆形，中央隆起红褐色小脓疱，外围有黄色晕圈　B.叶片背面病斑近圆形，中央隆起红褐色粉状物

3.发病规律与侵染循环

发病规律：23 ～ 27℃为最适发病温度，田间环境高湿、早晚露水重、昼夜温差大病情蔓延迅速；长势弱、肥力低下、荫蔽的豆园锈病发生严重。

侵染循环：豇豆单胞锈菌为多种孢子阶段病原菌，可产生5种类型的孢子，在不同地区以不同形态越冬、越夏；在北方以冬孢子随病株残体越冬，条件适宜时萌发产生担孢子，借空气流动传播侵染豇豆，产生性孢子和锈孢子进行再侵染；在南方以夏孢子越夏，通过气流、雨水传播成为下茬豇豆侵染源。

4.防治措施

（1）农业防治：①连作严重地块可与非豆科作物轮作，或水旱轮作2～3年，春、秋两季豆类蔬菜地不宜距离太近，避免病菌交互侵染。②合理密植，高畦栽培，及时剪除侧蔓，保持田间植株通风透光性。③施足有机底肥，开花结果期增施磷、钾肥，增强植株长势，避免植株生长过密不利于通风透光。④加强雨后排水，降低田间湿度；及时摘除中心病叶，清除病残株，减少田间再侵染源。

（2）药剂防治：雨后及时施用预防药剂，可用3亿CFU/克哈茨木霉菌叶部型300倍液，或20%三唑酮可湿性粉剂800倍液，或65%代森锌可湿性粉剂500倍液。发病初期喷施40%腈菌唑可湿性粉剂13～20克/亩，或62.25%腈菌·锰锌可湿性粉剂600倍液，或25%丙环唑乳油3 000倍液，或20%吡唑醚菌酯乳油1 500倍液，每隔10～15天1次，连续防治2～3次。注意喷药时重点要把药喷到植株中、下部位。喷药时可加入0.2%～0.3%磷酸二氢钾叶面肥，以促使植株尽快恢复长势。

（3）综合防治：豇豆种植时合理密植，一般株距15～25厘米；施足无菌有机肥底肥，使用膜下滴灌，保持田间环境卫生及通风透光性，降低病原菌侵染率。生长期间发现发病初期病株及时清除及药剂喷施防治。

第四节　豇豆白粉病

豇豆白粉病是我国豇豆上重要的真菌性病害，在全国各地均有发生。其发病迅速，寄主范围较广，可危害多种豆科植物以及甘蓝、芹菜、油菜、芥菜、番茄等，还可危害多种草本植物。

1.病原菌

病原菌为蓼白粉菌（*Erysiphe polygoni* DC.），属子囊菌门白粉菌属真菌。其有性世代产生子囊孢子，无性世代产生分生孢子。

2.危害症状

主要危害豇豆叶片，也可危害茎蔓及果荚。叶片发病初期叶背呈黄褐色斑点，扩大后呈紫褐色斑，病斑表面覆盖一层白

豇豆白粉病发病部位及症状

A.叶面发病初期，沿叶脉发展的不规则形病斑　B.叶片、叶柄后期发病，表面覆盖一层白色粉状物

粉，发病后期病斑沿叶脉发展，白粉布满整叶，全株叶片发黄脱落。

3.发病规律与侵染循环

发病规律：田间环境荫蔽、植株长势弱、管理粗放、昼夜温差大、干旱等条件易发病。

侵染循环：蓼白粉菌属活体营养寄生菌，只能在活体植株上越冬、越夏。在北方以闭囊壳越冬成为第二年的初侵染源。在南方主要以其他作物或杂草上寄生的分生孢子借气流传播至豇豆成为初侵染源，条件适宜即可引起发病，形成再侵染。

4.防治措施

（1）农业防治：①选用适合当地种植的抗病品种。②豇豆种植地块消毒，北方温室种植可在种植前进行闷棚，使温度达到45℃以上，温度越高、时间持续越长，效果越好。南方露地连作地块可撒施石灰进行土壤消毒，每亩可撒施50～80千克。③田间加强防病农事操作，起高垄、合理密植，秋、夏两季种植地块不宜相邻。施足底肥，生长期追施磷、钾肥，增强植株抗逆性。及时摘除中心病叶，收至园外深埋，减少田间病原菌再侵染。

（2）药剂防治：发病初期以预防加治疗为主，可选喷70%甲基硫菌灵粉剂+75%百菌清可湿性粉剂（1：1）1 000～1 500倍液，或30%氧氯化铜悬浮剂+65%代森锰锌可湿性粉剂（1：1，即混即喷），或80%福美双可湿性粉剂500倍液，或50%咪鲜胺锰盐可湿性粉剂1 000倍液，或6%氯苯嘧啶醇可湿性粉剂1 000 ～ 1 500倍液，或3%多抗霉素可湿性粉剂600 ～ 900倍液，或2%嘧啶核苷类抗菌素水剂200倍液，或25%丙环唑乳油4 000倍液，或40%氟硅唑乳油8 000倍液，隔7 ～ 15天喷1次，喷2 ～ 3次。

（3）综合防治：选择适合当地的抗病品种，科学选地，种植时合理布局，北方种植前闷棚，南方露地土壤消毒、深耕翻土。豇豆生长期间注意田间水肥管理，避免管理粗放、植株缺水脱肥。发病初期注意清理病株，及时喷施药剂防治。

第五节　豇豆炭疽病

炭疽病是豇豆的一种重要病害，植株受害轻者生长停滞，重者植株死亡，严重影响豇豆生长，造成的产量损失率可达30%～60%。该病在我国贵州、云南、广西、四川、湖北、湖南、黑龙江及海南等多个省份豇豆种植区均可发生危害，除危害豇豆外，还可危害菜豆等豆科作物。

1.病原菌

病原菌为平头刺盘孢（*Colletotritrum truncatum*），属半知菌亚门刺盘孢属真菌，以分生孢子繁殖、休眠及进行侵染，引起植株发病。

2.危害症状

整个生长期中叶片、茎蔓和豆荚均可被害发病。叶片发病初期出现圆形小褐斑，逐渐扩大为红褐色、中央灰褐色病斑；

茎蔓染病出现紫红色凹陷、龟裂长条斑，表面着生黑色小黑点；豆荚染病表现为深褐色近圆形或不规则形病斑，偶尔有粉红色黏稠物。

豇豆炭疽病发病部位及症状

A、B.茎蔓紫红色长条形凹陷斑　C.豆荚近圆形或不规则形深褐色凹陷病斑

3. 发病规律与侵染循环

发病规律：17 ～ 27℃、高湿环境利于发病，低于13℃或高于27℃，病情减轻，发展缓慢；田间荫蔽、土壤潮湿地区发病重。

侵染循环：以菌丝体随病残体在土壤中或在种子上越冬、越夏，播种后条件适宜则引起植株染病，并产生大量分生孢子借雨水、气流传播，在田间形成再侵染。

4. 防治措施

（1）农业防治：①选用抗病品种，与葱蒜类蔬菜等非豆科作物，尤其是大蒜进行轮作，2 ～ 3年可有效杀死或抑制病原菌。②加强水肥管理，施足腐熟有机肥，氮、磷、钾肥配合施用作为底肥，促使植株生长健壮，并可增加角质层厚度，提高抗病能力。生长期视苗势适当追肥，不偏施速效氮肥。

（2）药剂防治：①种子消毒处理。1千克种子用4克50%炭疽·福美可湿性粉剂进行拌种消毒。②发病前用75%百菌清可湿性粉剂600倍液，或12%松脂酸铜乳油800倍液，或80%代森锰锌可湿性粉剂600倍液喷雾保护。发病初期喷洒50%咪鲜胺可湿性粉剂3 000倍液，或50%嘧菌酯悬浮剂3 000倍液，或每公顷用生物农药2%几丁聚糖水剂2 250克、46%咪鲜胺乳剂450克、10%苯醚甲环唑水分散粒剂900克、24%噻呋酰胺悬浮剂360毫升叶面喷施，每隔7 ～ 10天1次，连续防治2 ～ 3次。

（3）综合防治：选用抗病品种，与大蒜等非豆科作物轮作2 ～ 3年。种植地块撒施充分腐熟的有机肥及复合肥为底肥，生长期及时追施磷、钾肥，增强植株长势。田间发现病叶或植株时及时摘除，带出田外深埋，发病初期喷施保护和治疗性杀菌剂进行预防。

第六节　豇豆病毒病

病毒病是豇豆生产上的常见病害，在我国豇豆生产区普遍发生，尤其是刺吸性害虫发生严重地区发病重。植株发病后，叶片褪绿、皱缩，结实率低，严重影响豇豆产量。

1.病原病毒

豇豆病毒病主要由豇豆蚜传花叶病毒（*Cowpea aphid-borne mosaic virus*，CAMV）、豇豆花叶病毒（*Cowpea mosaic virus*，CPMV）、黄瓜花叶病毒（*Cucumber mosaic virus*，CMV）和蚕豆萎蔫病毒（*Broad bean wilt virus*，BBWV）等4种病毒引起。豇豆蚜传花叶病毒粒体线状，稀释限点1 000 ~ 10 000倍，钝化温度50 ~ 60℃，体外存活期1 ~ 6天。豇豆花叶病毒粒体为二十面体，稀释限点10 000 ~ 1 000 000倍，钝化温度55 ~ 65℃，体外存活期4 ~ 10天。黄瓜花叶病毒粒体球状，稀释限点1 000 ~ 10 000倍，钝化温度60 ~ 62℃，体外存活期3 ~ 4天。蚕豆萎蔫病毒粒体球状，稀释限点10 000 ~ 100 000倍，钝化温度60 ~ 70℃，体外存活期4 ~ 6天。

2.危害症状

病毒病多表现为系统性症状，但主要表现明显花叶或畸形。

发病初期新叶上显现轻型斑驳和花叶，后发展为全株症状，上位叶呈花叶、皱缩疱斑，并产生褪绿脉带，扭曲畸形，严重时植株矮缩，叶片变小或丛生，生长僵滞。

豇豆病毒病发病部位及症状

A.植株矮小，幼嫩部位轻型斑驳和花叶　B.植株上部叶片花叶皱缩疱斑、褪绿脉带明显

3.发病规律与侵染循环

发病规律：适宜发病温度范围15 ~ 38℃，发病最适条件为温度20 ~ 35℃，相对湿度80%以下。发病潜育期10 ~ 15天，遇持续高温干旱天气或蚜虫发生重时，病毒病多发生流行。

侵染循环：主要通过有翅桃蚜和豆蚜进行非持久性传播，高温干旱天气发病重。病株汁液摩擦接种和田间管理等农事操作也是重要的传毒途径。病原病毒在豆类作物种子上越冬，或在病株残体上越冬，成为翌年初侵染源。

4.防治措施

（1）农业防治：①选用无病种子和种子处理。用10%磷酸三钠溶液浸种10分钟，洗净后催芽播种。②加强田间管理，增施基肥，适时适量灌水，调节田间小气候，提高植株抗病力。

（2）药剂防治：①及时防治蚜虫。高温干旱季节蚜虫增殖高峰期使用5%吡虫啉可湿性粉剂1 500倍液，或10%烯啶虫胺可溶性液剂2 000倍液，或20%啶虫脒水乳剂1 500倍液，或1%阿维菌素乳油1 000倍液喷雾防治。②发病初期喷施1.5%植病灵水乳剂1 000倍液，或20%吗啉胍·乙酮可湿性粉剂600倍液，或0.4%氨基寡糖素水剂800倍液，或2%宁南霉素水剂250倍液，每隔7 ~ 10天1次，连续防治3 ~ 4次。

（3）综合防治：选用无毒优质种子，播种前使用药剂或55℃温水浸种20分钟进行种子消毒，降低种子带毒风险。生长期间，注意植株长势管理，及时管理水肥。害虫高发期注意防治蚜虫、蓟马、烟粉虱等刺吸性传毒害虫，做到虫毒同防，减少田间刺吸性害虫传毒概率。田间发现带毒植株及时拔除并进行药剂株穴消毒。

第七节　豇豆疫病

豇豆疫病为豇豆生产上的常见病害，在我国豇豆种植区均有发生危害，主要引起豇豆茎蔓、叶片和豆荚部位发病，影响植株正常生长，降低豇豆产量。豇豆疫病病原菌寄主范围较窄，在自然状态下只危害豇豆，不能危害其他作物。

1.病原菌

病原菌为豇豆疫霉（*Phytophthora vignae* Purss），属卵菌门卵菌纲霜霉目腐霉科。病菌产生游动孢子和卵孢子，生长适温25 ~ 28℃，最高35℃，最低13℃，只危害豇豆。

2.危害症状

豇豆茎蔓、叶片和豆荚均可受害。茎蔓染病，多发生在植株下部节间，病部初期呈不规则水渍状斑，后绕茎扩展致茎蔓呈暗褐色缢缩，病部以上茎叶出现萎蔫枯死，湿度大时皮层腐烂。表面产生白色霉层。叶片染病初期见暗绿色水渍状斑，周缘不明显，扩大后呈现近圆形或不整形淡褐色斑，表面亦可生稀疏白霉。豆荚染病多呈水渍状腐烂。

豇豆疫病发病部位及症状

A.叶片发病症状　B.茎蔓节间发病，病部初呈水渍状不定型暗色斑，茎叶萎蔫枯死

3.发病规律与侵染循环

发病规律：温湿度对发病影响较大，25 ~ 28℃条件下，湿度高，易发病。田间高湿、透风性差、植株密度大，则发病重。

侵染循环：以卵孢子附着于病残体上存活，遇到适宜条件时萌发，产生芽管，芽管顶端膨大形成孢子囊。孢子囊萌发产生游动孢子，借风雨传播，形成初侵染和再侵染。

4.防治措施

(1) 农业防治：与非豆科作物轮作或水旱轮作，地下水位高的地块采用垄作或高畦深沟种植，合理密植，增加田间通风透光性，雨后及时排水，防止地表湿度过大利于发病。

(2) 药剂防治：病害始发期使用40%三乙膦酸铝可湿性粉剂200倍液，或50%烯酰吗啉可湿性粉剂800倍液，或72%霜脲·锰锌可湿性粉剂600倍液，或58%甲霜灵·锰锌可湿性粉剂600倍液，或25%嘧菌酯悬浮剂1 000倍液叶面喷施，每隔10天左右1次，连续防治3 ~ 4次，合理轮用或混用。

(3) 综合防治：豇豆避免连作，避免在土壤贫瘠地块种植，连作重茬地块需在种植前深耕晾土、撒石灰等进行土壤消毒处理。深沟高垄、合理密植；做到雨前不浇水，雨后不积水，避免田间积水和通风透光性差造成高湿环境利于发病。及时清理杂草，田间发现病株及时拔除并及时进行防治，采用“上喷下灌”法进行药剂防治。

第八节 豇豆轮纹病

豇豆轮纹病又称灰斑病、棒孢叶斑病，是豇豆的一种常见病害。该病在我国山东、湖南、广西、海南等主要豇豆种植区均可发生危害，且近年该病在豇豆上的危害呈上升态势。该病多在开花结荚后期发病，主要危害叶片，也危害茎秆和豆荚，影响豇豆产量。

1.病原菌

病原菌为多主棒孢霉［*Corynespora cassiicola* (Berk. & Curst.)］，属半知菌亚门丝孢纲丝孢目暗色孢科棒孢属真菌，以分生孢子侵染危害。

2.危害症状

主要危害叶片、茎蔓和豆荚。叶片发病初期病斑浓紫色、近圆形，中间颜色较边缘浅，周围有黄色晕圈；后期病斑表面具明显轮纹，多斑融合，叶缘干枯；茎部发病初期呈深褐色不规则形条斑，后绕茎蔓扩展。在豆荚上危害的病斑呈紫褐色，具同心轮纹。

3.发病规律与侵染循环

发病规律：天气高温多湿、田间通风差、植株长势弱的地块发病重。

侵染循环：以菌丝体和分生孢子梗在病残体中越冬、越夏，

豇豆轮纹病发病部位及症状

A、C.叶片正面近圆形病斑　B、D.叶片背面病斑具明显轮纹

或在种子上越冬、越夏。分生孢子由风雨传播，进行初侵染和再侵染，病害不断蔓延扩展。南方周年都有豇豆种植区，病原菌无明显越冬或越夏期。

4.防治措施

（1）农业防治：①与非豆科作物实行2～3年轮作；施用复合肥作为底肥。②育苗移栽时，选用无菌营养土，药土覆盖种子；移栽前喷施1次杀虫、杀菌剂；采用地膜覆盖栽培。③发病初期及时摘除病叶，带出田外销毁或深埋；及时清理田间杂草，保持田间卫生及通风透光性。

（2）药剂防治：①播种前种子消毒处理，可用55℃温水浸种15～20分钟，或用50%多菌灵可湿性粉剂（1千克种子4克药）拌种，或用40%甲醛200倍液浸种30分钟。②发病初期，可选用50%咪鲜胺锰盐可湿性粉剂1 500～2 500倍液、20%噻菌铜悬浮剂500～600倍液、25%嘧菌酯悬浮剂1 000～2 000倍液、77%氢氧化铜可湿性粉剂500倍液、50%福·异菌脲可湿性粉剂800～1 000倍液、40%氟硅唑乳油6 000～8 000倍液、45%百菌清可湿性粉剂800～1 000倍液、47%春雷·王铜可湿性粉剂800倍液、40%腈菌唑乳油3 000倍液等叶面喷雾，7～10天喷药1次，连喷2～3次，注意轮换与交替用药。

（3）综合防治：豇豆种植时应选择无连作障碍地块，与非豆科作物实行2～3年轮作；撒施足量有机肥作为底肥，植株合理密植，采用高垄深沟、膜下滴灌种植模式；生长期注意勤浇水，不可大水漫灌，避免形成积水荫蔽的高湿环境，同时多施磷、钾肥。发病初期及时摘除病叶，带出田外集中销毁或深埋，并及时施药，降低侵染率。

第二部分

豇豆常见虫害

第一节 蓟　　马

蓟马为缨翅目（Thysanoptera）昆虫，其种类繁多，世界上已记录约7 400种，中国已记录有157属570余种。蓟马寄主范围极其广泛，是一类杂食性昆虫，依据食性可分为植食性、菌食性和捕食性。据报道，害虫类蓟马占已记录蓟马种类的1%，且以植食性为主，由于蓟马体型微小、难发现、繁殖率高等原因逐渐成为蔬菜的主要害虫之一。在我国蔬菜上发现的蓟马有40余种，其中8～10种会对蔬菜造成危害，而危害蔬菜比较严重的蓟马大多为棕榈蓟马、葱韭蓟马、烟蓟马、西花蓟马、普通大蓟马、黄胸蓟马、茶黄蓟马以及花蓟马等。普通大蓟马和花蓟马是豇豆上危害最为严重的两种蓟马，二者寄主广泛，可危害豇豆、大豆、四季豆等豆类，以及多种蔬菜、水果和花卉植物，在我国广东、广西、海南、台湾、云南、贵州、湖南、湖北、浙江、北京等省份均有分布。两种蓟马主要以锉吸式口器取食豇豆生长点、花器、荚果等幼嫩组织的汁液，在豇豆整个生育期造成危害。

1.形态特征

（1）普通大蓟马：普通大蓟马［*Megalurothrips usitatus*（Bagnall）］又名豆大蓟马，属缨翅目锥尾亚目蓟马科大蓟马属，主要危害豆科植物，属于不完全变态发育，一生经历卵、若虫、伪蛹、成虫4个阶段，各个阶段形态特征如下：

卵：长约0.2毫米，卵粒肾形。

一龄若虫：白色透明，体长约0.52毫米，眼点红色，活动性强。

二龄若虫：体长约0.98毫米，体色渐变为黄至橙红色。

三龄若虫：又称为“预蛹”，具有白色透明的短翅芽，触角向前。

伪蛹：四龄若虫又称为“伪蛹”，翅芽伸达腹部2/3处，触角向后。

成虫：雌成虫体长约1.6毫米，棕色至暗棕色，雄成虫体色与雌成虫相似，但体型略小。

（2）花蓟马：花蓟马［*Frankliniella intonsa*（Trybom）］别名台湾花蓟马，属缨翅目锥尾亚目蓟马科花蓟马属，主要危害豆类、甘蔗、苜蓿、棉花及多种蔬菜和花卉植物。花蓟马属渐变态发育，一生经历卵、若虫、伪蛹、成虫4个阶段，各个阶段形态特征如下：

卵：长约0.29毫米，宽约1.5毫米，头方一端有卵帽，近孵化时可见红色眼点。

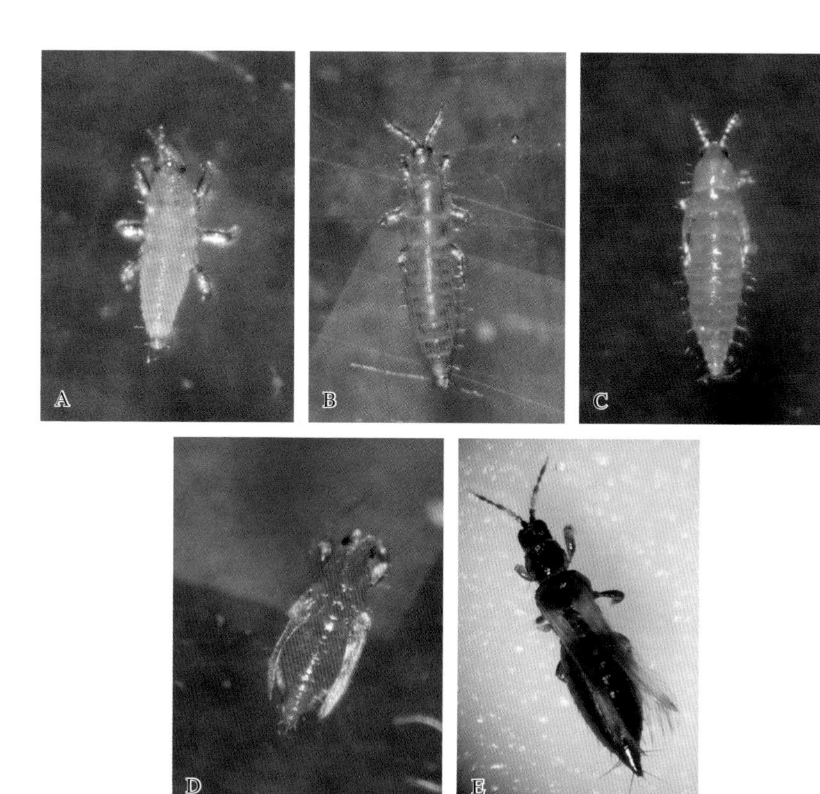

普通大蓟马形态特征

A.一龄若虫　B.二龄若虫　C.三龄若虫“预蛹”　D.四龄若虫“伪蛹”　E.成虫

一龄若虫：体长0.3 ~ 0.6毫米，触角7节，第4节膨大呈锤状。

二龄若虫：体长0.6 ~ 0.8毫米，橘黄色，第4节触角开始伸长。

三龄若虫：又称“预蛹”，体长1.2 ~ 1.4毫米，翅芽长度达腹部第3节，触角向头的两侧张开。

伪蛹：四龄若虫又称为“伪蛹”，体长1.2 ~ 1.6毫米，触角折向头胸部背面，分节不明显。

成虫：雌成虫体长1.3 ~ 1.4毫米，体棕色，头和胸颜色略淡，雄成虫体型略小。

花蓟马形态特征

A.一龄若虫　B.二龄若虫　C.三龄若虫“预蛹”　D.四龄若虫“伪蛹”　E.成虫

2.危害症状

普通大蓟马和花蓟马寄主广泛，危害时存在寄主转移现象。两种蓟马均具有较强的趋嫩和趋花性，隐匿性极强，大部分时间隐藏于花或嫩梢中危害，清晨豇豆开花时可见其大量聚集危害。普通大蓟马和花蓟马在豇豆的整个生育期均可发生危害，主要以锉吸式口器取食豇豆生长点、花器、荚果等幼嫩组织的汁液造成危害。各生育期主要危害症状如下：

蓟马危害豇豆症状

A、B.蓟马危害豇豆嫩梢及花芽，造成嫩梢和花芽干枯、坏死　C.蓟马危害豇豆花朵，造成花器腐烂、凋落　D.蓟马危害豇豆荚果，造成表皮粗糙，形成锈斑，出现“黑头、黑尾”现象

苗期：主要危害豇豆叶片及嫩芽，造成豇豆新叶卷曲畸形，嫩芽干枯萎缩，停止生长，无法正常抽蔓。

爬蔓期：主要危害植株嫩梢，造成嫩梢干枯、坏死，无法正常抽蔓生长。

开花结果期：主要危害花芽、花朵及荚果，花芽受害后干枯，无法正常发育；花朵受害后花瓣呈黄白色，具有微细色斑，花朵呈凹陷状，严重时花器腐烂、凋落；荚果受害后造成表皮粗糙，形成锈斑，出现“黑头、黑尾”现象，严重影响豇豆产量、外观和品质。

3.发生规律与生物学特性

（1）普通大蓟马：

发生规律：普通大蓟马在海南岛可周年发生危害，年发生代数24～26代，具有2个发生高峰期，分别在11—12月和翌年2—4月。雌成虫寿命8～10天，卵期长达6～7天，若虫取食植物叶片、花、果等，到高龄末期停止取食，入土化蛹。

生物学特性：普通大蓟马隐匿性极强，大部分时间隐藏于花中，一般孤雌生殖，偶尔两性生殖，具有入土化蛹习性，相比叶片更喜食花和豆荚。喜将卵产于豇豆嫩叶、花芽和花蕾里，每雌产卵22～35粒。喜温暖、干旱天气，发育适温为23～28℃，适宜空气湿度为40%～70%。温度和降雨是影响其存活的主要因素，连续降雨，空气湿度过大，易导致其大量死亡，种群数量降低。土壤类型和含水量对蛹的羽化率和发育历期长短有较大的影响，土壤含水量过高或过低均不适宜普通大蓟马化蛹，土壤含水量为15%且土壤类型为沙壤土时普通大蓟马的蛹期最短。

（2）花蓟马：

发生规律：花蓟马在南方地区1年发生11～14代，在华北、西北地区1年发生6～8代。花蓟马主要以成虫在枯枝落叶层、土壤表层中越冬。

生物学特性：花蓟马具有很强的趋花性，世代重叠，20℃

恒温条件下完成1代只需20 ~ 25天，成虫羽化后2 ~ 3天开始交配产卵，卵单产于花组织表皮下，每雌可产卵 77 ~ 248粒，产卵历期长达20 ~ 50天。

4.防治措施

（1）农业防治：①适时清园：上茬作物收获后，及时清除植株残体及周边杂草，集中深埋或销毁，种植前农田灌水、深翻晾地。②调整播期：根据当地蓟马发生规律及作物种植情况，调整播种时期，错开蓟马发生高峰期，降低危害程度。③合理轮作、套种：合理采用水旱轮作，减少虫源；在农田周边种植玉米、高粱等高秆作物，阻隔蓟马的迁移危害。

（2）物理防治：①物理诱杀：利用蓟马对蓝色的趋性，在田间悬挂蓝色或带蓟马性信息素的蓝色诱虫板，每亩20 ~ 30片。苗期诱虫板悬挂高于豇豆顶端15 ~ 20厘米，每15天更换1次；爬蔓期及开花结荚期诱虫板悬挂于植株中上部离地面1.5米左右处，每7天更换1次。②人工隔离：田间覆盖黑色或银色地膜，阻隔蓟马入土化蛹；豇豆种植田块四周搭建高2.2米的80目*防虫网阻隔蓟马迁入；对于温室大棚，可在通风口、门窗加设80目防虫网阻止蓟马迁入。

（3）生物防治：①天敌：在蓟马种群密度较低时，可释放小花蝽、大眼长蝽或捕食螨等，每7 ~ 10天释放1次，连续释放3 ~ 5次，例如按照天敌：猎物＝1 ：20的比例释放东亚小花蝽（*Orius sauteri*）成虫或高龄若虫。在天敌昆虫释放前1周内不要喷施化学农药，田间不要悬挂诱虫板，这样用少量的天

* 目为非法定计量单位，80目对应的孔径约为0.216毫米。

敌就可控制害虫的危害。②微生物制剂：可在豇豆播种前撒施100亿孢子/克球孢白僵菌复合微生物菌剂，使用量为5千克/亩。豇豆播种后用携带白僵菌孢子的黄蓝双色塑料吊绳进行吊蔓，其间可使用150亿孢子/克球孢白僵菌可湿性粉剂按200克/亩进行喷施，诱杀蓟马效果显著，能有效地降低虫口密度。也可在阴天用100亿孢子/克金龟子绿僵菌悬浮剂进行喷雾处理，用量30 ~ 35毫升/亩。

(4) 化学防治：苗期可用25%噻虫嗪水分散粒剂1 500 ~ 3 000倍液等内吸性好的药剂进行灌根预防；抽蔓及开花结果期，可叶面喷施60克/升乙基多杀菌素悬浮剂1 500倍液，或5%甲氨基阿维菌素苯甲酸盐微乳剂1 000倍液，或10%多杀霉素悬浮剂2 500倍液，或5%啶虫脒乳油1 000倍液，或10%溴氰虫酰胺可分散油悬浮剂1 500倍液，或30%虫螨·噻虫嗪悬浮剂1 500倍液，或25%联苯·虫螨腈微乳剂1 500倍液，或45%吡虫啉·虫螨腈悬浮剂1 000倍液等。注意不同作用机理的药剂轮换使用，一个豇豆生长季一种药剂的使用次数不要超过2次，以延缓抗药性产生。喷药的时间以花瓣张开且蓟马较为活跃的上午10时之前为宜。

(5) 综合防治：蓟马防治以预防为主，在豇豆种植前清除田间残枝及杂草并集中销毁，田间灌水浸泡1周，增加土壤湿度，降低蓟马蛹的羽化率。四周搭建2.2米高的80目防虫网或周边种植高秆作物，阻断蓟马迁入。田间覆盖银色或黑色地膜，阻断蓟马入土化蛹。播种前按5千克/亩用量田间撒施100亿孢子/克球孢白僵菌复合微生物菌剂，深翻土地30厘米，晾晒5 ~ 7天，晾晒期间可向田间喷施100亿孢子/克金龟子绿僵菌悬浮剂750倍液+60克/升乙基多杀菌素悬浮剂750倍液（或25克/升多杀霉素悬浮剂750倍液、240克/升虫螨腈悬浮剂750倍液）等杀虫剂，杀死土壤中的蛹。豇豆苗期用25%噻虫嗪水分散粒剂1 500倍液等内吸性好的药剂进行灌根预防，豇豆出苗后7天田间悬挂蓝色诱虫板（20～30块/亩）。当植株或诱虫板上发现蓟马时，可释放东亚小花蝽、大眼长蝽[*Geocoris pallidipennis*（Costa）]、捕食螨等天敌。当虫口数量较大时，可叶面喷施1%苦参碱可溶液剂500倍液+60克/升乙基多杀菌素悬浮剂1 500倍液，或60克/升乙基多杀菌素悬浮剂1 500倍液+80亿活孢子/毫升金龟子绿僵菌CQMa421可分散油悬浮剂1 000倍液，或45%吡虫啉·虫螨腈悬浮剂1 000倍液+25%茚虫威水分散粒剂1 000倍液，或30%虫螨·噻虫嗪悬浮剂1 000倍液+5%甲氨基阿维菌素苯甲酸盐微乳剂1 000倍液等药剂。

开花结荚期是豇豆蓟马防治的关键期，喷药的时间以花瓣张开且蓟马较为活跃的上午10时之前为宜，从田块两边同时向中间施药，施药时采用植株和地面同时喷施的“上下双打”的施药方法。

第二节 斑潜蝇

斑潜蝇又称鬼画符，属双翅目潜蝇科植潜蝇亚科。豇豆上发生危害的斑潜蝇主要为美洲斑潜蝇（*Liriomyza sativae* Blanchard）和三叶草斑潜蝇（*Liriomyza trifolii* Burgess），也是世界上最具危害性和危险性的2种斑潜蝇。美洲斑潜蝇和三叶草斑潜蝇原产于美洲，20世纪70年代开始向全球各地扩散。美洲斑潜蝇1993年在我国海南省三亚市被首次发现，三叶草斑潜蝇1988年传入我国台湾，2005年在广东省中山市被发现，两种斑潜蝇目前已广泛分布于我国绝大部分地区。美洲斑潜蝇和三叶草斑潜蝇寄主广泛，可危害豆类、瓜类、茄果类等蔬菜以及观赏植物等，危害症状十分相似，都是以幼虫在叶片中潜食叶肉，形成白色孔洞，降低植物光合作用，导致植株生长缓慢，发育畸形，造成叶片枯死脱落，花芽、果实被灼伤，严重时可造成植株死亡。

1.形态特征

（1）美洲斑潜蝇：美洲斑潜蝇生育历期分为卵、幼虫、蛹和成虫4个阶段，各发育阶段形态特征如下：

卵：乳白色或米色，稍透明，椭圆形，长0.2～0.3毫米，宽0.1～0.15毫米。

幼虫：无足，蛆状，一龄较透明无色，二至三龄浅橙黄色或橙黄色，老龄幼虫体长1.3毫米左右，后气门呈圆锥状突起，顶端三分叉各具1个开口。

蛹：长1.3～2.3毫米，宽0.5～0.75毫米，椭圆形围蛹，蛹后气门3孔；化蛹初期浅黄色，后橙黄至褐黄色。

成虫：体长1.3～2.4毫米，翅展1.3～1.7毫米，体淡灰黑色；头黄色，复眼酱红色，中胸背板亮黑色；中鬃较粗，排列成不规则4行，小盾片半圆形，鲜黄色；腹部每节黑黄相间，体侧面黑黄色约各占一半；雄虫比雌虫略小。

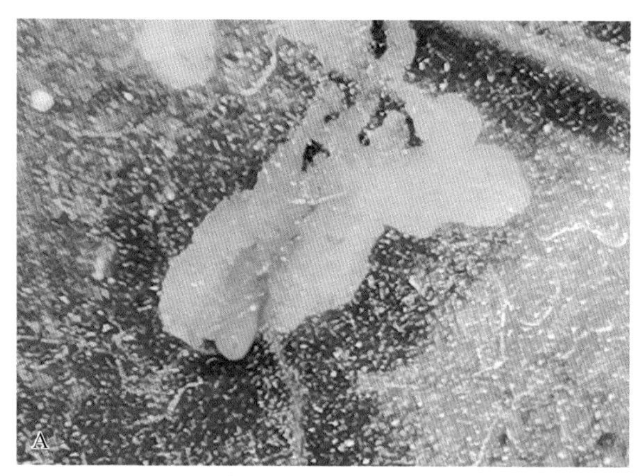

美洲斑潜蝇形态特征

A.幼虫　B.蛹　C.成虫

（2）三叶草斑潜蝇：三叶草斑潜蝇又名三叶斑潜蝇、非洲菊斑潜蝇，其生活史包括卵、幼虫、蛹和成虫4个阶段，各生育阶段形态特征如下：

卵：长0.2～0.3毫米，宽0.1～0.15毫米，椭圆形，米色，半透明。

幼虫：蛆状，初孵化的一龄幼虫半透明，二至三龄幼虫由浅橙黄色渐变为橙黄色，老龄幼虫体长3毫米左右，腹部末端有一圆锥形后气门突起，顶端有一气孔，每侧气门有3个气孔。

蛹：长1.3 ~ 2.3毫米，宽0.5 ~ 0.75毫米，椭圆形，腹部稍扁平，化蛹初期橙黄色，后渐变为金黄色或暗棕色。

成虫：体长1.3 ~ 1.6毫米，翅展1.8 ~ 2.1毫米，头顶、额区和眼眶黄色，头鬃褐色。触角节亮黄色，触角芒淡褐色。中胸背板灰黑色，大部分无光泽，小盾片除了基侧缘黑色外，其余为黄色。中胸侧板下缘具黑色斑点，腹侧片大部分黑色，上缘黄色。

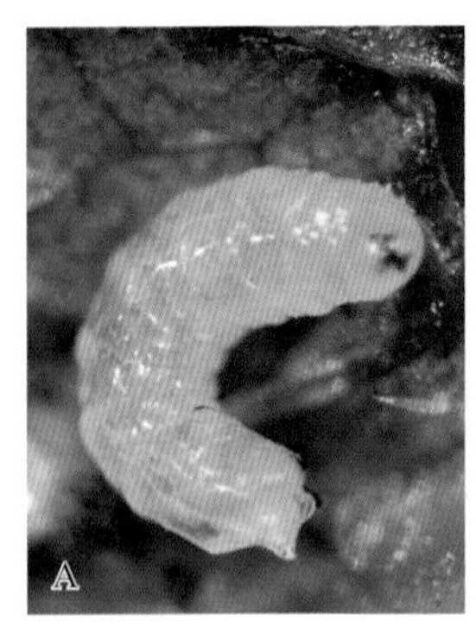

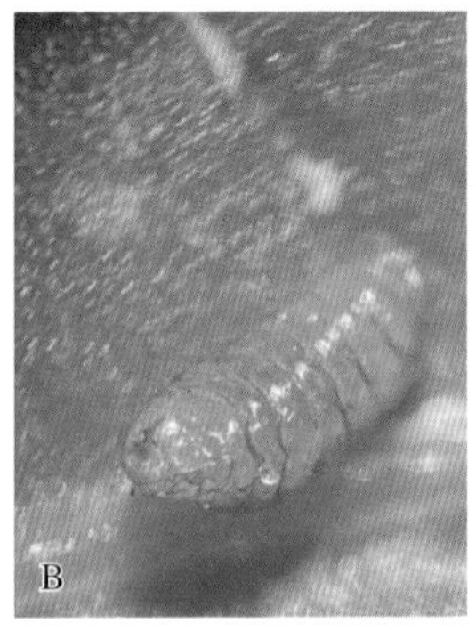

三叶草斑潜蝇形态特征

A.幼虫　B.蛹　C.成虫

2.危害症状

三叶草斑潜蝇和美洲斑潜蝇寄主十分广泛，二者危害豇豆症状很相似，都是以幼虫在叶片中潜食叶肉，形成白色孔洞，降低植物光合作用，造成植株枯死，同时还能传播许多植物病毒。成虫在叶片正面取食和产卵时刺穿叶片表皮，形成针尖大小的近圆形取食点和产卵点，初期呈浅绿色，后变白，影响叶片光合作用。被害植株生长缓慢、发育畸形，严重时造成叶片枯死脱落，造成花芽、果实被灼伤，严重时可造成植株死亡。

斑潜蝇危害豇豆症状

A.成虫在叶片上取食和产卵，造成针孔大小的近圆形白色斑点　B、C.幼虫潜居叶内取食，形成不规则蛇形白色潜道　D.幼虫于叶面化蛹　E、F.田间严重危害状

3.发生规律与生物学特性

（1）美洲斑潜蝇

发生规律：美洲斑潜蝇繁殖能力强、世代短，有明显的危害高峰期，世代周期及发生高峰期和环境温度、湿度有关。年发生世代数因地区而异，在广西南宁年发生10～12代，安徽年发生约16代，山西年发生8～9代，在海南全岛周年均可发生，年发生22～24代，2—3月为发生高峰期。

生物学特性：美洲斑潜蝇为两性生殖，成虫具有趋光、趋黄和趋化性，对瓜类、茄果类、豆类的分泌物和糖类具有趋性。成虫取食、交配和产卵均在白天进行，活动高峰期在9～14时，羽化高峰期在8～11时，羽化后24小时即可交配产卵。雌成虫产卵具有趋嫩性，卵产于嫩叶的叶肉组织内，卵期2～4天，幼虫期5～9天，老熟幼虫钻出白色孔道于叶表面或落于表土内化蛹，蛹期7～14天，成虫期5～10天，各生育历期长短受温度和湿度影响。美洲斑潜蝇最适发育温度为20～30℃，35℃以上幼虫能正常发育，蛹不能发育为成虫。38℃持续两天，卵无法孵化，低龄幼虫易死亡，老熟幼虫可化蛹，但不能发育为成虫。遭遇暴雨和连续降雨时，易受冲刷至死；土壤积水、湿度过大对蛹发育也极为不利。

（2）三叶草斑潜蝇

发生规律：三叶草斑潜蝇繁殖速度快，世代重叠严重，世代周期随地区、温度和寄主的不同而变化，具有明显的种群发生高峰期与衰退期。在低纬度地区可全年繁殖，世代周期约为21天。在江苏年发生6～7代，在南京每年存在2个发生高峰期，分别在5—6月和9—10月，在海南岛可周年发生。

生物学特性：三叶草斑潜蝇为两性生殖，在叶片上取食、交配、产卵。卵产于叶表下，卵期2 ~ 5天，卵孵化后幼虫潜居叶内取食；幼虫分为3龄，历期4 ~ 7天，在叶片或土壤表层化蛹；蛹期7 ~ 14天，羽化24小时后即可交配产卵，雌雄虫可进行多次交配。成虫羽化时间集中在8 ~ 14时，雄虫通常较雌虫先出现。成虫飞翔能力较强，寿命为15 ~ 30天，雌虫的寿命比雄虫稍长。三叶草斑潜蝇具有产卵选择性，喜在豇豆较下层老叶上产卵，具有趋光、趋黄和趋化性。

4.防治措施

（1）农业防治：①清洁田园：上茬作物收获后将残枝及杂草深埋或销毁，减少虫源。②深翻晾地：将有蛹的表层土壤深翻到20厘米以下，晾地1周，以降低蛹的羽化率。③合理轮作倒茬：合理采用水旱轮作。④加强肥水管理：播种前对地块进行灌水、浸泡处理，增加土壤湿度，降低蛹的羽化率。

（2）物理防治：①色板诱杀：利用斑潜蝇对黄色具有强烈趋性的特点，在田间悬挂黄色诱虫板诱杀成虫，黄板悬挂在豇豆植株中部及上部。②人工隔离：在豇豆种植过程中可设置40目防虫网对其进行阻隔；当发生轻、虫量低时可人工掐死白色孔道中的幼虫，将受害较重的叶片摘除，集中深埋或用塑料袋密封暴晒，及时清除叶面和地面上的蛹。③高温覆膜法：利用日晒高温覆膜提高土壤温度，杀死土壤中的斑潜蝇蛹，降低下茬虫口基数。第一步：种植前清理田园，深翻整地。第二步：看天气覆膜压土，选择晴天无雨时进行覆膜。北方每年4月底至9月中旬，南方3月中旬至10月初，选择太阳光线强烈的天气，覆盖厚度为0.10 ~ 0.12毫米的浅蓝色流滴膜，覆膜后四周用土壤压盖严实。第三步：去土揭膜。待膜内土壤5厘米深处温度持续40℃以上（不得超过53℃）且超过1周时揭开塑料膜。若覆膜后遇到阴天或土壤温度不足以杀死斑潜蝇蛹，可以延长覆膜时间，直到土壤温度提升至40℃以上，杀死斑潜蝇蛹后再揭膜。

（3）**生物防治**：在斑潜蝇危害初期，田间释放底比斯釉姬小蜂［*Chrysochuaris pentheus*（Walker）］、异角亨姬小蜂［*Hemiptarsenus varicornis*（Girault）］、黄腹潜蝇茧蜂［*Opius caricivorae*（Fischer）］等寄生性天敌，注意释放天敌时间段内严禁喷施化学农药，避免伤害天敌昆虫。

（4）**化学防治**：在成虫活动高峰和幼虫一至二龄期施药，从植株上部向下部、外部向内部，从叶正面向背面均匀喷药。上午8 ~ 11时成虫活动或羽化高峰期，可叶面喷施60克/升乙基多杀菌素悬浮剂1 500倍液，或10%溴氰虫酰胺悬浮剂1 000倍液，或10%灭蝇胺悬浮剂1 500倍液，或20%阿维·杀虫单微乳剂2 000倍液防治，幼虫高峰期5 ~ 7天喷施1次，连续施用3次。

（5）**综合防治**：斑潜蝇防治要抓住“防”和“早”两个字，种植前清理田间杂草及枯枝烂叶，田间灌溉1周左右，利用高湿环境降低化蛹率。播种前撒施充分腐熟的有机肥，深翻整地后，用日晒高温覆膜法处理1周左右，杀死原田块中的斑潜蝇蛹等不耐高温的病虫草害。北方设施农业可在通风口设置40目防虫网，阻隔植物与斑潜蝇；露地栽培，豇豆播种后田间悬挂黄板诱集和监测斑潜蝇种群发生情况，确定防治适期，及早防治。二龄幼虫高峰期为最佳防治期。当虫口数量增加时，及时释放黄腹潜蝇茧蜂、底比斯釉姬小蜂等天敌进行防治，必要时于上午8～11时田间喷施短稳杆菌+橙皮精油或印楝素+印楝油，或60克/升乙基多杀菌素悬浮剂1 500倍液，或10%溴氰虫酰胺悬浮剂1 000倍液，或0.5%甲氨基阿维菌素苯甲酸盐乳油1 500倍液+10%灭蝇胺悬浮剂1 500倍液，或20%阿维·杀虫单微乳剂2 000倍液等药剂进行防治。

第三节　甜菜夜蛾

甜菜夜蛾［*Spodoptera exigua* (Hübner)］属鳞翅目夜蛾科杂夜蛾亚科灰翅夜蛾属，是一种世界性分布的多食性农业害虫，原产于东南亚，目前已经入侵世界广大地区，在我国各地均有分布。其寄主范围广泛，已记录的寄主植物涉及170余种，除危害黄瓜和西葫芦等瓜类蔬菜外，还可危害豇豆、辣椒、番茄、茄子、甘蓝、花椰菜、白菜、萝卜、芹菜等作物。

1.形态特征

甜菜夜蛾生育期主要分为4个阶段，包括卵、幼虫、蛹和成虫，各生育期形态特征如下：

卵：直径0.43毫米，圆球形，形似馒头，白色，卵粒重叠，呈多层的卵块，位于叶面或叶背，表面覆有雌蛾脱落的白色绒毛。

幼虫：幼虫分为5龄，幼龄时体色偏绿，头褐色，有灰色白斑。五龄幼虫体长22 ~ 30毫米，体色变化大，有浅绿、暗绿、黄褐、黑褐色。五龄幼虫各体节气门后上方有1个圆形白斑，气门下线为黄白色纵带，直达腹部末尾，但不延伸到臀足上。

蛹：长约10毫米，黄褐色，第3 ~ 7节背面、第5 ~ 7节腹面前缘密布圆形小刻点。臀刺2根，呈叉状，着生于蛹末。

成虫：体长10 ~ 14毫米，翅展25 ~ 40毫米，体色为灰褐色，前翅外缘线由1列黑色三角形小斑组成，外横线与内横线均为黑白2色双线，前翅中央近前缘外方有肾形斑1个，内方有圆形斑1个，后翅银白色。

甜菜夜蛾形态特征

A、B.卵　C、D、E.不同龄期幼虫　F.成虫

2.危害症状

甜菜夜蛾以幼虫危害为主，一至二龄幼虫群集在叶背，吐丝结网，啃食叶肉，只留表皮，呈透明的小孔，三龄后分散危害，四至五龄进入暴食期，啃食叶片，可将叶片吃成孔洞或缺刻，严重时全部叶片被咬食殆尽，只剩叶脉和叶柄，导致植株死亡，造成缺苗断垄，甚至毁种现象。

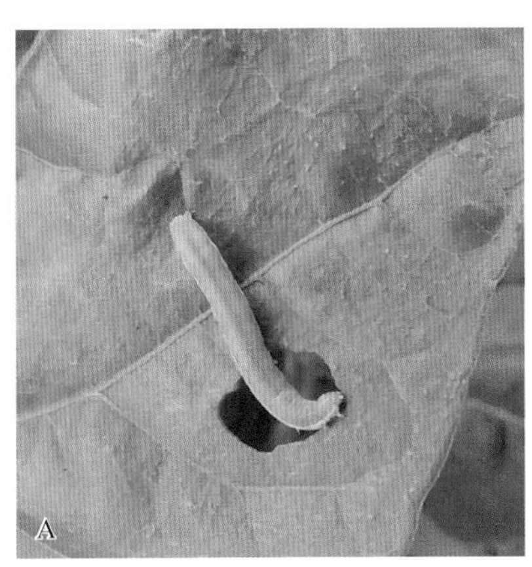

甜菜夜蛾危害豇豆症状

A、B.甜菜夜蛾取食豇豆叶片，将叶片吃成孔洞或缺刻 C、D.甜菜夜蛾啃食叶肉，造成叶片表面出现透明小孔

3.发生规律与生物学特性

发生规律：甜菜夜蛾原产于东南亚，是一种热带或亚热带昆虫，耐高温，无滞育现象，以蛹入土越冬为主，在热带及亚热带地区可周年发生危害，年发生世代数因地区不同而异。在我国广东、福建等地区年发生10 ~ 11代，湖北、湖南、河南等中部地区年发生5 ~ 6代，北京、黑龙江等北部地区年发生4 ~ 5代，在海南无越冬现象，周年发生危害。成虫昼伏夜出，晚上20 ~ 22时活动最盛，飞行能力强，有趋光性，对糖、酒、醋液及发酵物质有趋性。

生物学特性：甜菜夜蛾发生的最适温度为20 ~ 23℃，最适相对湿度为50% ~ 75%。甜菜夜蛾两性生殖，发育历期包括卵、幼虫、蛹和成虫4个阶段。雌虫产卵成块，平均每头雌虫产卵100 ~ 600粒，最多可达1 700粒，卵历期2 ~ 6天。幼虫多在夜间孵化，共5龄，三龄前群集危害，食量小，四龄后食量大增，昼伏夜出，有假死性，发育历期11 ~ 39天。蛹发育在土壤中进行，历期7 ~ 11天。

4.防治措施

（1）农业防治：①清除杂草，深翻晾地：播种前将地块深翻暴晒，消灭土壤中的蛹。②加强田间管理：豇豆生长季，及时清除叶背卵块和低龄幼虫团，或摘除带卵块或幼虫团的叶片，集中销毁；适时中耕、浇水，降低蛹羽化率。

（2）物理防治：设施种植时，在门窗通风口处安置29 ~ 40目防虫网，防止甜菜夜蛾成虫进入棚内。利用成虫的趋光性，在成虫发生盛期，田间安置黑光灯、高压汞灯或杀虫灯诱杀成虫，或用杨树枝诱蛾，或用甜菜夜蛾性诱剂诱捕雄蛾。

（3）生物防治：①天敌：保护和利用田间众多的自然天敌，甜菜夜蛾的天敌主要有草蛉（*Chrysopa perla*）、猎蝽、蜘蛛、步甲、蠋蝽（*Arma chinensis*）等。如在甜菜夜蛾低龄若虫始发期，田间按蝽蛾比例1 ∶ 15释放二龄蠋蝽若虫或夜蛾黑卵蜂（*Telenomus remus*）。②微生物制剂：在卵孵化盛期或低龄幼虫盛发期喷施80亿孢子/毫升金龟子绿僵菌CQMa421可分散油悬浮剂500 ~ 750倍液，或300亿PIB*/毫升甜菜夜蛾核型多角体病毒水分散粒剂5 000倍液，或16 000国际单位/毫克苏云金杆菌可湿性粉剂75 ~ 100克/亩等药剂，每7天喷施1次，连喷2次，阴天或黄昏时喷药。

（4）化学防治：豇豆上甜菜夜蛾防治关键期在苗期和抽蔓初期，此时为甜菜夜蛾发生高峰期。甜菜夜蛾用药应在卵孵

* PIB表示病毒的多角体，全书同。——编者注

化盛期和低龄幼虫期，因此在幼虫一至二龄期重点挑治，集中施药，三龄后甜菜夜蛾分散危害，此时应在傍晚分散喷药，可选用10%虫螨腈悬浮剂2 000倍液，或1.5%甲氨基阿维菌素苯甲酸盐乳油2 000倍液，或20%虫酰肼悬浮剂1 000倍液，或22%氰氟虫腙悬浮剂1 000倍液，或2.5%高效氯氟氰菊酯水乳剂1 000倍液，或5%氯虫苯甲酰胺悬浮剂5 000倍液喷雾。每7～10天施药1次，连续施药2～3次。注意不同药剂轮换使用，合理混配，科学用药。

（5）综合防治：豇豆种植前深翻晒地，设施种植在门、窗等通风口安置29～40目防虫网，阻隔外界害虫。种植后7天田间悬挂黑光灯诱杀成虫，并开始调查田间危害情况，及时摘除叶背部卵块和低龄幼虫团，集中消灭。豇豆苗期，在甜菜夜蛾孵化盛期和低龄幼虫期，喷施300亿PIB/毫升甜菜夜蛾核型多角体病毒水分散粒剂5 000倍液，或16 000国际单位/毫克苏云金杆菌可湿性粉剂75～100克/亩+25克/升多杀霉素悬浮剂1 000倍液。抽蔓期及开花结荚期喷施10%虫螨腈悬浮剂2 000倍液，或1.5%甲氨基阿维菌素苯甲酸盐乳油2 000倍液，或2.5%高效氯氟氰菊酯水乳剂1 000倍液，或5%氯虫苯甲酰胺悬浮剂5 000倍液。每7～10天施药1次，连续施药2～3次。

第四节　斜纹夜蛾

斜纹夜蛾（*Spodoptera litura* Fabricius）属鳞翅目夜蛾科杂夜蛾亚科灰翅夜蛾属，又名斜纹夜盗虫、莲纹夜蛾，是一种世界性杂食害虫，主要分布在热带和亚热带地区，在我国各地区已广泛分布，是豇豆上的重要害虫。寄主十分广泛，除危害豇豆外，还可危害甘蓝类、十字花科水生蔬菜，葫芦科瓜类以及多种旱地经济、粮食作物。

1.形态特征

斜纹夜蛾生育期主要分为4个阶段，包括卵、幼虫、蛹和成虫，各生育期形态特征如下：

卵：扁球形，大小约0.45毫米×0.35毫米，表面有网纹，初产淡绿色，孵化前为灰黄色至紫黑色。卵堆成卵块，卵粒不规则重叠2～3层，表面覆盖1层黄白色绒毛。

幼虫：幼虫有6龄，一龄幼虫体长约2.5毫米，体表常淡黄绿色，头及前胸盾黑色，第1腹节两侧具有锈褐色毛瘤；二龄幼虫体长可达8毫米，头及前胸盾颜色变浅，锈褐色毛瘤变得更明显；三龄幼虫体长9～20毫米，第1腹节两侧的黑斑变大，甚至相连；四至六龄幼虫形态相近，六龄幼虫体长38～51毫米，体色多变，因寄主、虫口密度等而不同，头部红棕色至黑褐色，中央可见V形浅色纹。背线、亚背线和气门下线均为灰黄色和橙黄色，在中、后胸黑斑外侧有黄色小点，气门褐色，气门线上有三角形黑斑。

蛹：体长15～20毫米，红褐至暗褐色；腹部第4～7节背面前缘及第5～7节腹面前缘密布圆形小刻点；气门黑褐色，呈椭圆形，明显隆起；腹末有1对臀刺，基部粗顶端细。

成虫：体长14～20毫米，翅展33～42毫米，体灰褐色，前翅褐色，多斑纹，内横线和外横线灰白色，波浪状，后翅白色，无斑纹。

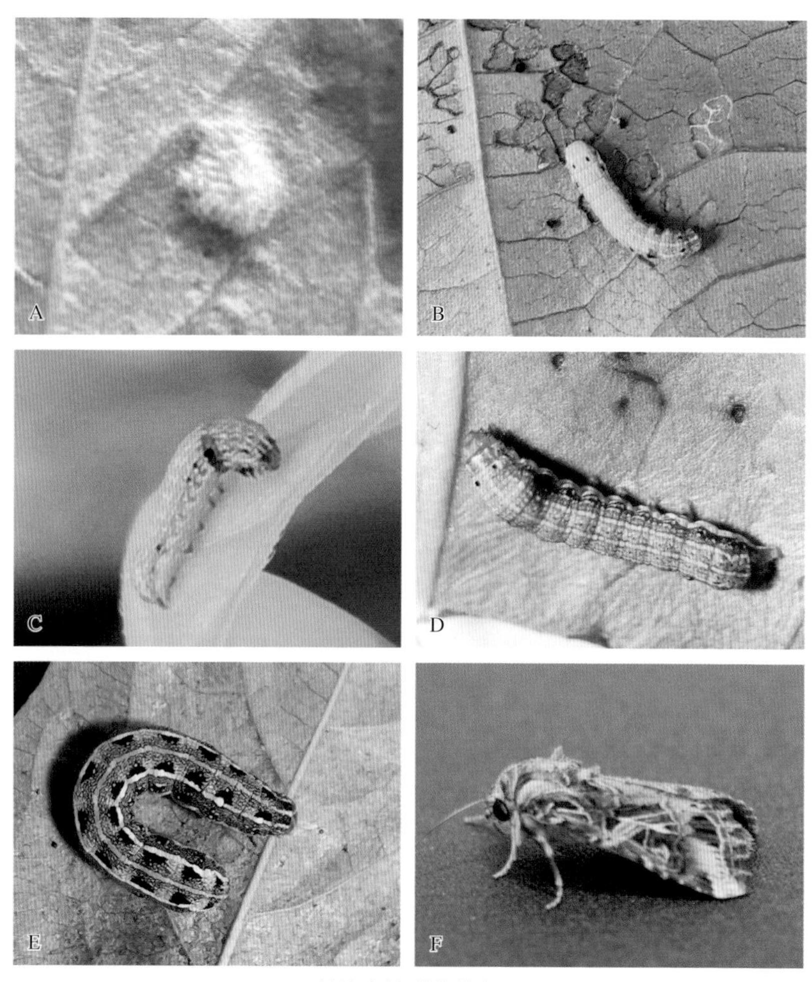

斜纹夜蛾形态特征

A.卵　B、C.二龄幼虫　D.三龄幼虫　E.六龄幼虫　F.成虫

2.危害症状

斜纹夜蛾主要以幼虫啃食植物叶部造成危害，也危害花及果实。初孵幼虫在叶片背面群集啃食叶肉，残留上表皮及叶脉，

在叶片上形成不规则的透明斑，呈网纹状。三龄后分散蚕食植物叶片、嫩茎，造成叶片缺刻、孔洞，残缺不堪，甚至将植株吃成光秆，也可取食花蕾、花等，引起植株腐烂。

斜纹夜蛾危害豇豆症状

A、B、C.斜纹夜蛾取食豇豆叶片，将叶片吃成孔洞或缺刻　D.斜纹夜蛾取食豇豆豆荚，造成豆荚缺刻、腐烂

3.发生规律与生物学特性

发生规律：斜纹夜蛾是一种暴发性的杂食性害虫，喜温暖环境，怕冷。成虫对黑光灯及糖、酒、醋等发酵物趋性强，具有入土化蛹习性，在1 ～ 3厘米表土内结薄丝茧化蛹，也可在枯叶下化蛹。生育历期的长短受温度影响，冬季温度低于−5℃能致越冬幼虫死亡。年发生代数因地区而异，在福建1年发生6 ～ 7代，危害高峰期在6月下旬；上海1年发生5 ～ 6代，危害高峰期在9月中旬；华北地区1年可发生3 ～ 4代；在海南周年发生危害。

生物学特性：斜纹夜蛾属两性生殖，成虫具有昼伏夜出的习性，黄昏后进行取食、交尾和产卵，成虫寿命约12天，每雌产8 ～ 15个卵块，包含卵100 ～ 200粒。温度在22 ～ 28 ℃时，卵期2.5 ～ 7天。幼虫共6龄，初孵幼虫群集取食，仅食叶肉，叶片呈白纱状，四龄后进入暴食期。幼虫有假死性，遇到惊扰后，四散爬离，或吐丝下坠落地。繁殖1代需要12 ～ 27天，在21 ～ 30℃时随温度升高而缩短，发育适温25 ～ 31℃，20℃以下发育速度显著减慢。成虫白天喜躲藏在草丛、土缝等阴暗处，傍晚至午夜活跃，飞翔力强，具较强的趋光性。

4.防治措施

（1）农业防治：①清除杂草、深翻晾地：在前茬作物收获后要及时清除田间杂草，翻耕晒土或灌水，降低虫蛹羽化率。②及时清园：豇豆种植期间，结合田间农事操作，及时摘除带有卵块和初孵幼虫团的叶片，集中销毁，降低虫口密度。

(2) **物理防治**：设施大棚，在门窗通风口处安置29 ~ 40目防虫网阻隔斜纹夜蛾进入网棚；利用成虫的趋光性，在成虫发生盛期，田间安置黑光灯诱杀成虫；在盆中配制糖、醋、水混合液等诱剂置于田间诱杀成虫，糖：醋：水配比为3 ∶ 1 ∶ 6。

(3) **生物防治**：①天敌：保护和利用田间斜纹夜蛾的天敌，如黑卵蜂、赤眼蜂、小茧蜂、广大腿蜂、姬蜂、蜘蛛等。在幼虫孵化盛期田间释放天敌，如幼虫期的蠋蝽（*Arma chinensis*），卵期的夜蛾黑卵蜂（*Telenomus remus*）等。②生物制剂：用200亿PIB/克斜纹夜蛾核型多角体病毒水分散粒剂12 000 ~ 15 000倍液，或1%苦皮藤素水乳剂300 ~ 500倍液喷雾防治幼虫，用药间隔期10 ~ 15天，每季最多使用1 ~ 2次；最好在幼虫三龄前施用，宜晴天的早晚或阴天喷施。

(4) **化学防治**：药剂防治应注重低龄幼虫期，在一至二龄幼虫期进行点、片挑治。四龄后幼虫具有昼伏夜出习性，应在傍晚前后施药。药剂可选用10%虫螨腈悬浮剂2 000倍液，或1.5%甲氨基阿维菌素苯甲酸盐乳油2 000倍液，或20%虫酰肼悬浮剂1 000倍液，或22%氰氟虫腙悬浮剂1 000倍液，或2.5%高效氯氟氰菊酯水乳剂1 000倍液，或5%氟虫腈乳油3 000倍液，或10%氯氰菊酯乳油1 500倍液，或5%高效氯氰菊酯乳油1 500倍液，或5%氯虫苯甲酰胺悬浮剂5 000倍液，或60克/升乙基多杀菌素悬浮剂1 500倍液等，药剂应轮换使用，均匀喷雾。用药间隔期7 ~ 10天，每季最多使用2次。

(5) **综合防治**：豇豆种植前深翻土地，灌水浸泡1周，再深翻晒地。温室大棚在门窗等通风口安置29 ~ 40目防虫网，阻隔外界害虫。种植后7天田间悬挂杀虫灯诱杀成虫，并开始调查田间危害情况，及时摘除叶背部卵块和低龄幼虫团，集中消灭。在斜纹夜蛾卵孵化盛期和低龄幼虫期，田间按蟥蛾比例1 ∶ 15释放二龄蠋蝽，必要时轮换喷施200亿PIB/毫升斜纹夜蛾核型多角体病毒水分散粒剂5 000倍液，或1%苦皮藤素水乳剂300 ～ 500倍液＋25克/升多杀霉素悬浮剂1 000倍液的混合药剂，或10%虫螨腈悬浮剂2 000倍液，或1.5%甲氨基阿维菌素苯甲酸盐乳油2 000倍液，或2.5%高效氯氟氰菊酯水乳剂1 000倍液，或5%氯虫苯甲酰胺悬浮剂5 000倍液。每7 ～ 10天施药1次，连续施药2次。

第五节　烟 粉 虱

烟粉虱（*Bemisia tabaci*）属半翅目粉虱科小粉虱属，是一种世界性的重大农业害虫，起源于热带和亚热带地区，常年危害600种以上寄主植物，造成农作物减产甚至毁种绝收。

1.形态特征

烟粉虱是一种包含多个生物型或隐种的复合种，目前已知生物型或隐种达40种以上，各生物型外部形态极其相似，难以区分。烟粉虱的生命周期有卵、若虫、成虫3个阶段，其中若虫阶段分为4个龄期，包括一龄若虫、二龄若虫、三龄若虫、四龄若虫（伪蛹期），各发育阶段形态特征如下：

卵：光泽，呈长梨形，有小柄，与叶面垂直，卵柄通过产卵器插入叶表裂缝中，大多不规则散产于叶背面，也见于叶正面。初产时为淡黄绿色，孵化前颜色慢慢加深至深褐色。

一龄若虫：体长约0.27毫米，淡绿色，有足和触角，可以在叶片上缓慢爬行，找到一个合适的取食位置插入口针固定在叶片上。

二龄若虫：体长约0.36毫米，位置固定，不移动。

三龄若虫：体比较宽扁，颜色淡黄色，足和触角退化至1节。

四龄若虫：又称伪蛹，体长0.6 ~ 0.9毫米，前期虫体扁平、半透明，中期逐渐变厚，逐渐变为不透明状态，后期体黄色，红色复眼增大，口针也从叶表面拔出。

成虫：主要寄生于叶背面，体长0.85 ~ 0.91毫米，体淡黄白色，翅2对，白色，被蜡粉，无斑点，具有红色复眼，比温室

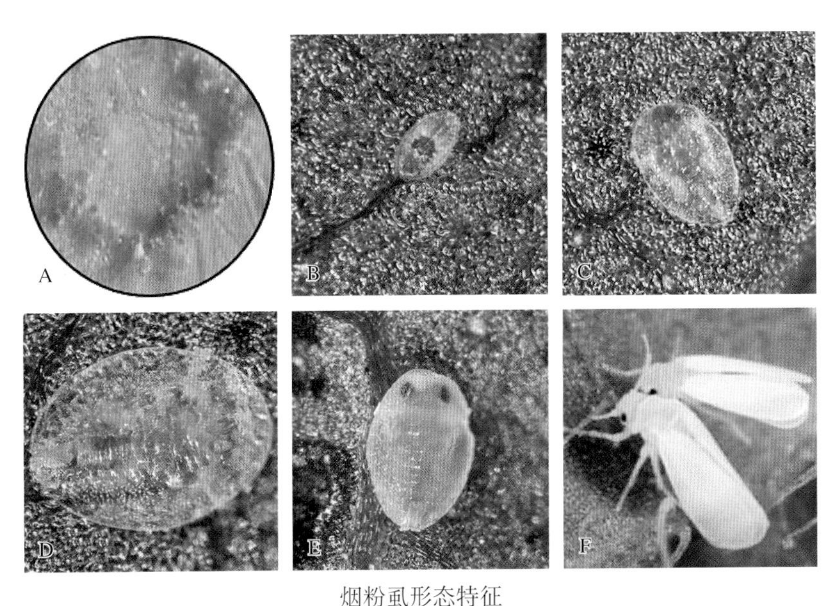

烟粉虱形态特征

A.卵　B.一龄若虫　C.二龄若虫　D.三龄若虫　E.四龄若虫　F.成虫

白粉虱小，前翅脉1条，不分叉，静止时左右翅合拢呈屋脊状，脊背有1条明显的缝，雄虫略小于雌虫。

2.危害症状

烟粉虱是刺吸式口器的植食性昆虫，主要通过3种方式对豇豆造成危害。一是直接取食豇豆汁液，造成植株衰弱、干枯，严重时叶片正面出现黄斑，叶片黄化脱落，植株生长缓慢或果实发育受阻；植株生理失调，出现“银叶反应”，即植株叶片出现白色小点，沿叶脉变为银白色，并逐渐发展至全叶银白色。二是成虫和若虫吸食植物汁液时产生蜜露，滋生霉菌，蜜露和霉菌共同作用诱发煤污病，影响豇豆生长。三是可传播多种病毒诱发病毒病，例如可传播豇豆轻斑驳病毒，在新叶上表现轻斑驳或不规则花叶，老叶上通常不表现症状，整株植物矮缩，叶片褪绿，畸形，发育不正常，果实/豆荚有黑色或褐色局部斑，畸形。

烟粉虱传播病毒诱发豇豆病毒病，造成豇豆叶片畸形

烟粉虱传播病毒诱发豇豆病毒病，造成豇豆叶片畸形

3.发生规律与生物学特性

发生规律：烟粉虱属渐变态昆虫，在我国北方露地不能越冬，保护地可常年发生。繁殖速度快，在热带和亚热带地区1年可发生11 ~ 15代。成虫喜群集，不善飞翔，对黄色有强烈的趋性，一般喜欢群集于植株上部嫩叶背面吸食汁液和产卵，随着新叶长出，成虫不断向上部新叶转移，故具有由下向上扩散垂直分布危害的特点，即最下部是伪蛹和刚羽化的成虫，中下部为若虫，中上部为即将孵化的黑色卵，上部嫩叶是成虫及其刚产下的卵。

生物学特性：烟粉虱生殖方式为孤雌生殖或两性生殖，其中孤雌生殖产雄，夏季的烟粉虱成虫羽化后会在1 ~ 8小时内交配，春、秋季则在羽化后3天内交配。卵散产于叶片背面，最适发育温度为26 ~ 30℃，卵期6 ~ 7天，刚孵化的一龄若虫在叶背爬行，寻找合适的取食场所后即固定刺吸取食，直到成虫羽化，一龄若虫期3 ~ 4天，二龄若虫期2 ~ 3天，三龄若虫期2 ~ 5天，四龄若虫期7 ~ 8天，成虫期18 ~ 20天。

4.防治措施

（1）农业防治：①选用抗性品种：因地制宜选用抗虫或抗病毒品种，减轻植株受害程度。②调节作物播种期：合理调整作物播种期，避开烟粉虱发生高峰期。③适时清园，合理轮作：烟粉虱危害严重的豇豆地收获后，要彻底清除残枝落叶及杂草。轮作烟粉虱不适生的越冬蔬菜，如芹菜、韭菜、大蒜、洋葱等，尽量避免黄瓜、番茄等与豇豆混栽，从而切断烟粉虱的自然生活史。

（2）物理防治：①防虫网阻隔：温室大棚通风口、门窗增设50 ~ 60目防虫网，阻止烟粉虱进入棚室。②色板诱杀：黄色诱虫板诱杀成虫，每亩悬挂20 ~ 30块（规格为20厘米×25厘米），调整色板底部位置，使其稍高于植株叶片。

（3）生物防治：①天敌昆虫：当诱虫板及植株上发现粉虱时，可在田间释放中华草蛉（*Chrysoperla sinica*）、丽蚜小蜂（*Encarsia formosa*）等天敌昆虫，如依据比例田间释放丽蚜小蜂1 000 ~ 2 000头/亩，隔7 ~ 10天1次，共挂蜂卡5 ~ 7次。②微生物制剂：可在烟粉虱虫口密度1 ~ 2头/株或二至三龄若虫始发期开始施用蜡蚧轮枝菌，一般选择在温度18 ~ 28℃、湿度60%的环境条件下施药，效果较好，每次用量1 011个孢子/亩，均匀喷洒全株，重点喷施叶背，施药时间以清晨或傍晚为宜，每7天施药1次，连续施药2次。

(4) 化学防治：当烟粉虱大量发生时，合理轮换使用农药进行喷雾处理，快速降低虫口数量。可叶面喷施1.8%阿维菌素乳油2 000 ~ 3 000倍液，或10%溴氰虫酰胺可分散油悬浮剂1 500 ~ 3 000倍液，或22.4%螺虫乙酯悬浮剂2 000 ~ 3 000倍液，或10%氟啶虫酰胺水分散粒剂3 000 ~ 4 000倍液，或25%噻虫嗪水分散粒剂1 500 ~ 3 000倍液，或10%吡丙醚乳油1 500 ~ 3 000倍液，或20%螺虫·吡丙醚可分散油悬浮剂1 000 ~ 1 500倍液。建议根据药剂作用方式合理轮换使用，采用杀卵、杀若虫和杀成虫药剂配合使用，持久长期从根本上控制烟粉虱发生数量，如阿维菌素+螺虫乙酯、噻虫嗪+吡丙醚等药剂联合使用可有效控制烟粉虱发生量，延长有效防治期。于烟粉虱发生初期（植株烟粉虱数量达3 ~ 5头/株）开始施药，施药间隔期为7 ~ 14天，每季最多使用2 ~ 3次。

(5) 综合防治：种植前清洁田园，设施大棚可在通风口或门窗处增设50 ~ 60目防虫网，阻止烟粉虱进入棚室。豇豆种植后7天田间悬挂黄色诱虫板（每亩悬挂20 ~ 30块），并用25%噻虫嗪水分散粒剂3 000倍液进行灌根，预防烟粉虱发生。当诱虫板和植株上发现烟粉虱时田间释放丽蚜小蜂1 000 ~ 2 000头/亩，隔7 ~ 10天1次，共挂蜂卡5 ~ 7次，注意田间释放天敌时，不要悬挂黄板。植株烟粉虱数量达3 ~ 5头/株时，叶面喷施1.8%阿维菌素乳油2 000倍液+22.4%螺虫乙酯悬浮剂2 000倍液，或100亿孢子/毫升金龟子绿僵菌5千克/亩+1.8%阿维菌素乳油2 000倍液，或3×10^9亿孢子/毫升蜡蚧轮枝菌1 011孢子/亩+10%溴氰虫酰胺可分散油悬浮剂1 500倍液，或25%噻虫嗪水分散粒剂1 500倍液+10%吡丙醚乳油1 500倍液等药剂。注意不同作用机理药剂的轮换使用，一个豇豆生长季一种药剂的使用次数不要超过2次。喷药的时间以早上或夜晚烟粉虱飞行缓慢时进行，叶片正反两面均要喷到，重点喷施叶片背面。

第六节　豆 荚 螟

豆荚螟（*Maruca testulalis* Geyer）属鳞翅目螟蛾科豆荚野螟属，又名大豆荚螟、豆荚斑螟，俗称豇豆钻心虫，主要分布于热带、亚热带和温带地区。豆荚螟的寄主植物主要是豇豆、扁豆、菜豆、大豆、豌豆、绿豆等豆类作物，是热区蔬菜上重要的害虫之一。豆荚螟一般在豇豆开花结荚期造成危害，以取食豇豆花及荚果为主。

1.形态特征

豆荚螟生育历期包括卵、幼虫、蛹和成虫4个阶段，各阶段形态特征如下：

卵：椭圆形，表面布满网纹，初产时乳白色，渐变淡红色，孵化前暗红色。

幼虫：共5龄，老龄幼虫体长14 ~ 18毫米，初孵期淡黄色，后变为紫红色。老龄幼虫前胸背板中央有“人”字形黑色斑纹，两侧各有1块黑斑，腹部和胸背两侧呈青绿色，有明显的背线、亚背线、气门线及气门下线。

蛹：蛹体长11 ~ 13毫米，宽2.5 ~ 2.8毫米。茧长18毫米，纺锤形，初为黄绿色，随后逐渐变为黄褐色，羽化前头部黑褐色。

成虫：体长12毫米左右，展翅19 ~ 26毫米，触角丝状，长度为11毫米左右。体黄褐色或黑褐色，腹面灰白色，复眼黑色或黄褐色，前翅深褐色。雌虫腹部肥大，末端圆形。雄虫尖细，末端有灰黑色毛。

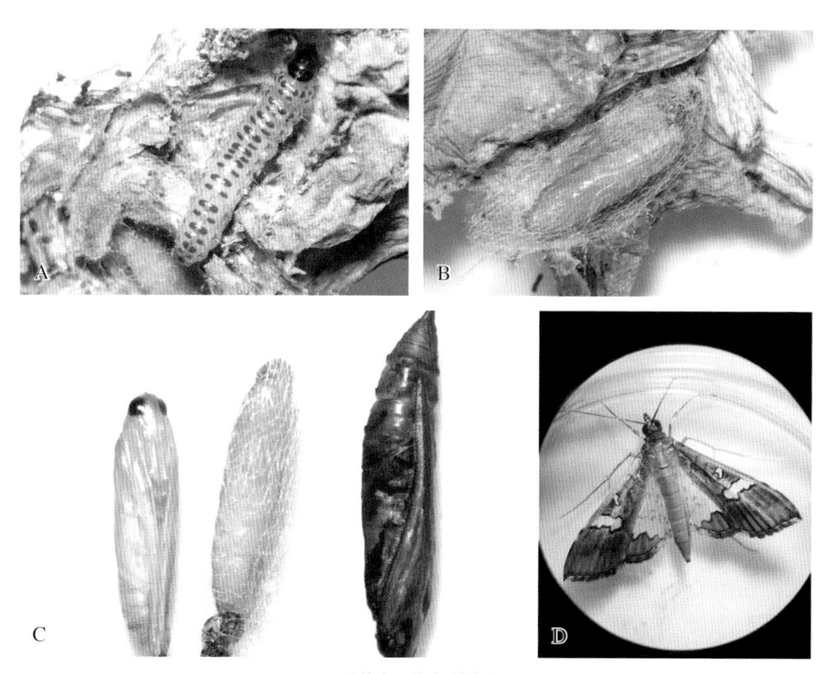

豆荚螟形态特征

A.幼虫 B、C.蛹 D.成虫

2.危害症状

豆荚螟是豇豆等豆科作物上的重要钻蛀性害虫，主要以幼虫蛀食花蕾、豆荚，造成落花、烂花、落荚和烂荚现象，严重损害产量和食用价值。幼虫在初荚期钻入豆荚内取食，致豆荚干瘪；鼓粒期常把豆粒蛀成缺刻或者蛀空。同时在荚果内留下大量虫粪，导致荚果霉烂，使产量和品质大幅度下降。

豆荚螟危害豇豆症状

A、B.豆荚螟幼虫危害豇豆花芽、花蕾，造成花芽干枯，花蕾腐烂、脱落　C、D.豆荚螟幼虫危害豇豆花，造成花朵腐烂、脱落　E、F.豆荚螟取食豇豆荚果，造成荚果虫洞，内部籽粒被蛀食，荚果霉烂

3.发生规律与生物学特性

发生规律：豆荚螟在我国各地均有发生，不同地区豆荚螟的危害程度不同，由北到南年发生3～10代，世代重叠严重。在华北、华中地区年发生3～5代；华南地区6～9代，无明显越冬现象。豆荚螟的发生轻重与豇豆的生育期和气候、田间湿度等环境条件密切相关。

生物学特性：豆荚螟属两性生殖，全生育期为20～26天。成虫交配后将卵散产于豇豆嫩荚、花蕾和叶柄上，初孵幼虫淡黄色，后随环境不同体色有所变化。豆荚螟一龄幼虫喜蛀花蕾取食，导致落花落蕾；一般二龄后转移至豆荚危害，具有转荚危害习性，少数三至四龄仍蛀食花朵。多数情况下每根豆荚蛀入1头幼虫，少数2～3头，在雨后常诱发被害花、荚腐烂。豆荚螟在最适发育温度26～30℃下，卵期2～3天，幼虫期8～10天，蛹期4～10天，成虫寿命6～7天。末龄幼虫通常在叶背主脉两侧结茧化蛹，也会通过吐丝下落至土表或落叶中结茧化蛹，以蛹在土中越冬为主。豆荚螟以夜间羽化为主，主要集中在20～24时，白天多在下午羽化，成虫具有较强的趋光性。豆荚螟成虫和幼虫有昼伏夜出习性，成虫白天隐匿在豇豆下部叶片背面，晚上开始活动，晚上22～23时活动最旺盛。

4.防治措施

（1）农业防治：定期监测豇豆上豆荚螟的发生情况，及时收集并销毁田间落花、落荚，将被害花蕾及豆荚摘除并带出田间销毁，减少种植区虫源。播种前深翻晾地，一般晾地1周左右，深翻土壤，将蛹埋入深层土壤，使其难以孵化。必要时可采用灌溉灭虫，水源充足的地方可以在秋冬季节向田块灌水，提高越冬幼虫死亡率。

（2）**物理防治**：田间悬挂杀虫灯和使用性诱剂诱杀成虫，降低虫口基数；或覆盖29～40目防虫网将植株与害虫阻隔开；田间覆盖地膜防止老熟幼虫入土化蛹。

（3）**生物防治**：①天敌昆虫：豆荚螟的天敌昆虫主要有黄眶离缘姬蜂（*Trathala flavo-orbitalis*）、胡蜂（*Phynchium bruneumc*）、赤眼蜂（*Trichogramma* sp.）等，在田间防治过程中可于豆荚螟产卵盛期释放赤眼蜂2万～3万头/亩。②微生物制剂：末龄幼虫入土前，选择在高温高湿条件下，施用白僵菌粉剂，每亩用量1.5千克，并加入细土混匀，按每亩4～5千克土撒施，杀灭末龄幼虫，减少化蛹数量。

（4）**化学防治**：豇豆上豆荚螟防治策略应采取“治花保荚”方针，在豆荚螟卵孵化盛期至二龄幼虫期轮换喷施2.5%高效氯氟氰菊酯水乳剂2 000倍液，或100克/升顺式氯氰菊酯乳油1 500～3 000倍液，或32 000国际单位/毫克苏云金杆菌悬浮剂1 000倍液+10%虫螨腈悬浮剂1 000倍液，或30%茚虫威水分散粒剂1 500倍液+5%甲氨基阿维菌素苯甲酸盐微乳剂1 500倍液，或5%氯虫苯甲酰胺悬浮剂5 000倍液，或60克/升乙基多杀菌素悬浮剂1 500倍液，或14%氯虫·高氯氟微囊悬浮剂2 000～3 000倍液等药剂。上午10时之前花朵盛开时喷药效果最好。喷雾防治的每种药剂一个生长季使用次数不超过2次。在老龄幼虫入土化蛹期，可以施用2%倍硫磷粉剂，用量1.5～2

千克/亩。

（5）综合防治：选用抗性品种，播种前清理杂草及落叶残枝，深埋或集中销毁；深翻整地，翻地深度达30厘米以上，翻地后晾晒地块5～7天；种植前覆盖地膜。豆荚螟的防治主要集中在开花结荚期，可于抽蔓后期在田间悬挂杀虫灯诱杀成虫，产卵盛期释放赤眼蜂等天敌昆虫。在豆荚螟二龄期用5%氯虫苯甲酰胺悬浮剂5 000倍液，或100克/升顺式氯氰菊酯乳油3 000倍液，或32 000国际单位/毫克苏云金杆菌悬浮剂1 000倍液＋10%虫螨腈悬浮剂1 000倍液，或30%茚虫威水分散粒剂1 500倍液＋5%甲氨基阿维菌素苯甲酸盐微乳剂1 500倍液，或14%氯虫·高氯氟微囊悬浮剂3 000倍液，或6%乙基多杀菌素悬浮液1 500倍液等药剂轮换进行喷雾，老熟幼虫较多时喷施白僵菌或2%倍硫磷粉剂。注意及时清除地表落花、落荚，摘除受害卷叶及荚果，集中销毁。必要时可在开花结荚期进行适当灌溉。

第七节　豆　　蚜

豆蚜（*Aphis craccivora*）别名苜蓿蚜、豇豆蚜，属半翅目蚜科，在世界各国广泛分布，其寄主植物有200多种，主要为豇豆、花生、蚕豆、苜蓿等豆科植物。该虫以刺吸式口器在植株嫩茎、幼芽、叶、花柄等部位吸取汁液，同时排泄大量蜜露污染植株，滋生病原菌，传播的植物病毒达40余种，是豆科作物上的重要害虫。

1.形态特征

豆蚜具有多种形态，常见的有有翅若蚜、无翅若蚜、有翅胎生雌蚜和无翅胎生雌蚜，具体形态特征如下。

有翅若蚜：共4龄，一龄若虫卵圆形，体长0.65 ~ 0.80毫米，体黄绿色，复眼暗红色，触角4节，少数5节，无翅芽。二龄若虫卵圆形，体长0.85 ~ 0.94毫米，体黄褐、灰褐或棕褐色，全身覆薄蜡粉，复眼红褐色，触角5节，少数6节。三龄若虫卵圆形，体长1.30 ~ 1.37毫米，体棕褐、灰褐色，体被明显薄粉，翅芽分离，前、后翅在体表呈黑色泡状突起，触角6节。四龄若虫卵圆形，体长1.76 ~ 1.91毫米，前翅翅芽呈卵圆形，灰褐色，长达腹部第一节，触角6节。

无翅若蚜：共4龄，呈卵圆形或长卵圆形，无翅芽，体型略长，其余同有翅若蚜一致。

有翅胎生雌蚜：长卵圆形，体长1.7 ~ 2.0毫米，有2对翅，体色多样，有黄褐、紫黑、墨绿或黑色，略带光泽。腹部各节背面有不规则形横带，节间斑黑色。触角6节，黄褐色。复眼紫褐色，眼瘤发达。前胸背板两侧有短管状突起；中胸背板隆起，后端有2个突起。

无翅胎生雌蚜：宽卵圆形，无翅，体长1.8 ~ 2.1毫米，体型较肥大，黑色或黑紫色，体表有光泽，体被薄粉。触角6节，黄白色。复眼紫褐色，眼瘤发达。腹部各节分界不明显，腹部膨大隆起，胸部黑褐色。

豆蚜形态特征

A、B.若蚜　C.无翅蚜　D.有翅蚜

2.危害症状

豆蚜主要危害嫩叶、嫩茎、嫩梢、花和豆荚。分泌蜜露污染叶片，导致叶片卷缩扭曲畸形、发黄，嫩荚变黄。

3.发生规律与生物学特性

发生规律：海南周年可见，无滞育现象，高温干旱条件下繁殖快，在寄主植物幼嫩叶背、嫩茎、嫩尖等部位群集刺吸汁液，导致受害部位卷缩畸形，产生褪色斑点，严重时引起植株萎蔫枯死。以成蚜或若蚜在寄主上越冬或继续繁殖，年发生25～30代。

豆蚜危害豇豆症状

A.分泌蜜露污染叶片　B.危害嫩梢　C.危害茎秆　D.危害花　E、F.危害豆荚

生物学特性：繁殖力极强，有较强的趋黄性，对银灰色存在极强的忌避习性。每头雌蚜可产60余头若蚜。远距离扩散蔓延通过有翅蚜迁飞完成。适宜繁殖温度16 ~ 24℃，天气温暖时4 ~ 5天可繁殖1代，普遍10多天1代。当连续5日平均气温超过25℃，相对湿度75%以上时繁殖受到抑制。

4.防治措施

（1）农业防治：清理田园，前茬作物收获后及时清除病残体、枯叶和杂草，进行深埋等无害化处理。水旱轮作，土壤深翻晒垡，减少虫源。

（2）生物防治：蚜虫的主要天敌有七星瓢虫（*Coccinella septempunctata*）、中华草蛉（*Chrysopa sinica*）、异色瓢虫（*Harmonia axyridis*）等。将瓢虫放入浅容器内，在蚜虫种群数量较多的植株间，按益害比1 ： 50释放瓢虫，释放时间应选择在上午10时前或下午17时以后温度较低时进行，这样有利于提高瓢虫成活率。释放天敌进行生物防治应选择在害虫发生初期，种群密度较低时进行，同时在释放前1周内不要喷施化学农药，避免伤害天敌，便于用少量天敌有效控制害虫的危害。

（3）物理防治：①银灰网避蚜。在防虫网中添加避蚜银灰线，避蚜银灰线与透明纬线的比例为1 ： （5 ~ 10），制成银灰防虫网，在基本保证良好透光性的前提下使用，发挥防蚜避蚜的功能。②黄板诱杀成虫。在植株间挂置黄色诱虫板，每亩地挂置30 ~ 40块，诱杀有翅成蚜。

（4）化学防治：一般在苗期虫口数量达到2头/株，现蕾前期达10头/株，现蕾开花期达20头/株时，可选取20%啶虫脒水乳剂4 000倍液、10%吡虫啉可湿性粉剂1 000倍液、0.3%阿维菌素乳油2 000倍液或0.6%苦参碱水剂600倍液等进行喷雾处理；防控蚜虫传播的病毒病可在发病前或发病初期喷施1.5%植病灵乳剂1 000倍液或20%盐酸吗啉胍可湿性粉剂600 ~ 800倍液，同时辅以0.04%芸薹素内酯水剂1 000倍液，每隔7 ~ 10天1次，连续施用3 ~ 4次。此外，也可选取50%抗蚜威可湿性粉剂或10%高效氯氰菊酯乳油2 000 ~ 3 000倍液进行喷雾处理。

（5）综合防治：种植前清除田间病残体，深翻土地，减少虫源；在植物生长期及时修枝、疏叶，提高田间通风透光性，将携带虫源的枝叶等移出生产地集中销毁；搭建防虫网，创造适宜豇豆生长的微环境，有效阻隔蚜虫进入危害；悬挂黄板诱杀，在20厘米 × 100厘米的纸板上涂抹黄漆，刷上一层机油，每亩悬挂30 ~ 40块，悬挂于行间，当黄板上粘满蚜虫时及时更换；当蚜虫密度较高或者发生病毒病时，可使用化学药剂进行防治。

第三部分

豇豆常见病虫害绿色防控技术方案

豇豆起源于热带非洲，喜温喜光，目前在我国各地广泛种植，是百姓餐桌上的重要蔬菜之一。豇豆上蓟马、斑潜蝇、枯萎病、根腐病等病虫害发生严重，生产中化学农药过量使用带来农药残留超标易引起食品安全问题，严重影响豇豆产量和品质，以及豇豆整个产业的可持续发展。因此掌握豇豆病虫害全程绿色防控技术，对促进豇豆产业绿色健康发展尤为重要。

豇豆种植过程中应贯彻落实“预防为主，综合防治”的植保方针。通过应用农业防治、生物防治、理化诱控和科学用药等综合防控措施，建立良好的豇豆田生态系统，实现豇豆主要病虫害的有效控制。

1. 地块选择

豇豆的种植应选择土层深厚、疏松、保肥保水性强的中性壤土，田间有机质含量高，且排水良好的地块。

2.品种选择

选择适于当地气候特点、土壤条件的抗病虫、耐逆境、品质好的品种。

3.合理轮作

与葱蒜类蔬菜等非豆科作物进行轮作，或进行水旱轮作。

豇豆种植田进行水旱轮作

4.播种前管理

（1）**清除田间杂草**：及时清除田间植株残体及周边杂草，集中深埋或销毁。

（2）**土壤消毒**：播种前约20天，田间均匀撒施生石灰后深翻土地，覆盖塑料薄膜进行闷土消毒。

（3）**整地施肥**：阳光充足的情况下，覆膜约1周后，掀开地膜，撒施充足的有机肥，深翻30厘米以上，晾地1周。播种前按5千克/亩用量田间撒施100亿孢子/克球孢白僵菌复合微生物菌剂，整地起垄。若采用双行种植则畦宽取120 ～ 140厘米，若采用单行种植则取畦宽70 ～ 80厘米，畦高30厘米以上，若地势较低可适当增加高度。覆盖双色地膜，银色面朝上。

石灰消毒

覆盖流滴膜进行闷土消毒

撒施有机肥

深翻晾地

覆盖银色地膜

5.播种

豇豆种植方式为直播，根据豇豆品种和种植模式的不同，选择适宜的种植密度。一般采用株距为15 ~ 25厘米，播种深度1 ~ 2厘米，每穴播1 ~ 2粒种子。播种前可选用50%多菌灵可湿性粉剂（1千克种子加4克药）拌种消毒，或进行晒种消毒。

6.生长期管理

（1）肥水管理：播种后应加强肥水管理，播种前3天浇透水，保持土壤湿润，促进种子发芽。待豇豆苗基本出齐后可浇水定根，苗期至爬蔓期视土壤干湿度适量浇水，应小水勤浇，避免大水漫灌，采用膜下滴灌方式，防止种植区湿度过大，引发病虫害。开花结荚初期依据开花情况及时浇水，要做到小水勤浇，见干见湿，杜绝积水。在阴雨天应做到及时排水。豇豆生长期追施磷、钾肥，增强植株抗逆性；生长盛期，适量追施叶面肥；开花结荚期，每采摘3 ~ 4次果，结合浇水适量追施复合肥，在豇豆采摘至顶部时，通过重施翻花肥促进豇豆腋芽与花梗的花芽重新分化、开花和结荚。

（2）搭架吊蔓：待豇豆长出5 ~ 6片真叶时，用竹竿搭建“人”字形架，用普通塑料吊绳或携带白僵菌孢子的黄蓝双色塑料吊绳进行吊蔓。

（3）整枝：豇豆生长期适时整枝，以调节豇豆长势，改善通风透光条件，减少养分消耗，减少病害发生。具体方法如下：

抹底芽：当主蔓第一花序以下的侧芽长至3厘米左右时应及时彻底摘除。

豇豆苗期吊蔓

打腰枝：对主蔓第一花序以上各节位的侧枝进行摘心，留1～3叶，保留侧枝花序。第一次产量高峰后，对叶腋间新萌生的侧枝（二茬蔓）也如此操作（打群尖）。

主蔓摘心：当主蔓长至15～20节，达200厘米时摘心封顶。

摘老叶：在豇豆生长盛期，分次剪除下部老叶。

7.主要病虫害绿色防控技术

（1）物理诱控技术：①悬挂黄、蓝色板：豇豆种植7天后，田间悬挂黄色诱虫板（20～30块/亩）诱杀烟粉虱、斑潜蝇等害虫，悬挂蓝色诱虫板（20～30块/亩）诱杀蓟马等害虫，色板悬挂高度根据豇豆生长期进行调整，苗期高出植株顶部10～20厘米，生长中后期悬挂在植株中上部，要求黄、蓝板相间，高低交替。同时监控豇豆田虫口基数变化。②搭建防虫网：豇豆播种前地块四周用80目防虫网搭建2.2米高的围网，用于阻隔蓟马、斑潜蝇、烟粉虱等害虫。③覆盖地膜：选用银黑双色地膜以提高地温，银色朝上，驱避蚜虫，减少病毒病的传播和发生。覆盖地膜可阻隔蓟马等害虫入土化蛹，减少虫源。

田间悬挂黄、蓝色板

防虫网物理阻隔害虫

（2）生物防治：①释放天敌：在田间释放东亚小花蝽、大眼长蝽、巴氏钝绥螨等防治蓟马；释放丽蚜小蜂防治烟粉虱；释放异色瓢虫、七星瓢虫、草蛉等防治蚜虫。②生物制剂：田间防治时适当选用生物制剂如绿僵菌、白僵菌、苏云金杆菌等防治豆荚螟、斑潜蝇、蓟马等害虫；施用枯草芽孢杆菌等防治土传病害。推荐药剂如表1。

瓢虫捕食蚜虫

田间释放捕食螨

表1 豇豆绿色种植推荐使用的生物制剂

病虫害	药剂	每亩施用量	用药方式
蓟马	100亿孢子/克金龟子绿僵菌悬浮剂	30 ~ 35毫升	喷雾
	80亿活孢子/毫升金龟子绿僵菌CQMa421可分散油悬浮剂	60 ~ 90毫升	喷雾
	0.5%苦参碱可溶液剂、水剂	90 ~ 120毫升	喷雾
	0.5%藜芦根茎提取物可溶液剂	70 ~ 80毫升	喷雾
	20%多杀霉素悬浮剂	6.25 ~ 7.5毫升	喷雾
	10%多杀霉素悬浮剂	12.5 ~ 15毫升	喷雾
	50亿孢子/克球孢白僵菌悬浮剂	45 ~ 55毫升	喷雾
	150亿孢子/克球孢白僵菌可湿性粉剂	160 ~ 200克	喷雾
豆荚螟	16 000国际单位/毫克苏云金杆菌可湿性粉剂	75 ~ 100克	喷雾
	25%乙基多杀菌素水分散粒剂	12 ~ 14克	喷雾
	32 000国际单位/毫克苏云金杆菌可湿性粉剂	75 ~ 100克	喷雾
	60克/升乙基多杀菌素悬浮剂	50 ~ 58毫升	喷雾
	25%乙基多杀菌素水分散粒剂	12 ~ 14克	喷雾
蚜虫	1.5%苦参碱可溶液剂	30 ~ 40毫升	喷雾
	80亿活孢子/毫升金龟子绿僵菌CQMa421可分散油悬浮剂	60 ~ 90毫升	喷雾
枯萎病	100亿芽孢/克枯草芽孢杆菌可湿性粉剂	200 ~ 250克	灌根
	10亿CFU/克多黏类芽孢杆菌可湿性粉剂	500 ~ 1 000克	灌根
根腐病	1 000亿芽孢/克枯草芽孢杆菌可湿性粉剂	20 ~ 25克	喷淋茎基部

（3）**精准施药技术**：当豇豆病虫害发生危害严重，仍难以控制时，可在坚持安全用药原则上进行药剂防治，禁止使用国家明令禁止的农药，严格选药，依据害虫发生规律，适期、适量用药，正确施药，科学合理混用且轮换用药。防治时重视害

虫低龄期用药。选择上午10时之前喷药，病害发生初期采用“上喷下灌”的施药方式。推荐药剂及施药技术如表2、表3。

表2 豇豆病虫害防控精准施药技术方案

豇豆生育期	施药时间	施药方案	施药方式	备注
苗期	豇豆播种后5天	62.5克/升精甲·咯菌腈悬浮种衣剂2 500倍液	灌根	以施用杀菌剂为主，5种施药方案任选一种，每株灌根150～200毫升
		碱式硫酸铜悬浮剂500倍液+54.5%噁霉·福美双可湿性粉剂1 000倍液	灌根	
		40%五硝·多菌灵可湿性粉剂600倍液	灌根	
		40%根腐宁可湿性粉剂600倍液	喷雾	
		50%异菌脲可湿性粉剂1 500倍液	喷雾	
	豇豆播种后10天	25%噻虫嗪水分散粒剂1 000倍液+30%甲霜·噁霉灵1 000倍液	喷淋+灌根	3种施药方案任选一种，每株灌根150～200毫升
		22.4%螺虫乙酯悬浮剂1 000倍液+30%噁霉灵水剂1 000倍液	喷淋+灌根	
		25%噻虫嗪水分散粒剂1 000倍液+30%噁霉灵水剂1 000倍液	喷淋+灌根	
爬蔓期	爬蔓初期	60克/升乙基多杀菌素悬浮剂1 000倍液+10%溴氰虫酰胺可分散油悬浮剂1 000倍液+80亿孢子/毫升金龟子绿僵菌CQMa421可分散油悬浮剂1 000倍液	喷雾	每15升水加入15毫升药液
	爬蔓后期	16 000国际单位/毫克苏云金杆菌可湿性粉剂1 000倍液+10%多杀霉素悬浮剂1 000倍液+31%阿维·灭蝇胺悬浮剂1 000倍液	喷雾	每15升水加入15毫升药液

（续）

豇豆生育期	施药时间	施药方案	施药方式	备注
开花结果期	始花期	60克/升乙基多杀菌素悬浮剂1 000倍液+5%甲氨基阿维菌素苯甲酸盐1 000倍液+100亿孢子/克金龟子绿僵菌油悬浮剂1 000倍液	喷雾	依据田间害虫发生种类精准用药，选择高效、低毒药剂进行喷施，尽量使用推荐药剂，害虫发生量大时可加挂黄、蓝色板并适当增加施药次数
	盛花期	根据虫情发生情况施药，每5天施药1次	喷雾	
	结果期	根据虫情发生情况施药，每5天施药1次	喷雾	

表3　豇豆病虫害绿色防控技术推荐用药

病虫害	药剂	每亩施用量	安全使用间隔期（天）	每季最多施用次数	用药方式
蓟马	45%吡虫啉·虫螨腈悬浮剂	15～20毫升	5	1	喷雾
	100亿孢子/克金龟子绿僵菌油悬浮剂	25～35毫升	1	—	喷雾
	30%虫螨·噻虫嗪悬浮剂	30～40毫升	5	1	喷雾
	5%啶虫脒乳油	30～40毫升	3	1	喷雾
	10%溴氰虫酰胺可分散油悬浮剂	33.3～40毫升	3	2	喷雾
	10%多杀霉素悬浮剂	12.5～15毫升	5	1	喷雾
	25%联苯·虫螨腈微乳剂	45～60毫升	14	3	喷雾

（续）

病虫害	药剂	每亩施用量	安全使用间隔期（天）	每季最多施用次数	用药方式
蓟马	25%噻虫嗪水分散粒剂	15～20克	3	1	喷雾
	0.5%甲氨基阿维菌素苯甲酸盐微乳剂	36～48毫升	7	1	喷雾
	80亿活孢子/毫升金龟子绿僵菌CQMa421可分散油悬浮剂	60～90毫升	1	—	喷雾
豆荚螟	100克/升顺式氯氰菊酯乳油	10～13毫升	5	2	喷雾
	25%乙基多杀菌素水分散粒剂	12～14毫升	7	2	喷雾
	14%氯虫·高氯氟微囊悬浮-悬浮剂	15～20毫升	5	2	喷雾
	4.5%高效氯氰菊酯乳油	30～40毫升	3	1	喷雾
	5%氯虫苯甲酰胺悬浮剂	30～60毫升	5	2	喷雾
	1%甲氨基阿维菌素苯甲酸盐微乳剂	36～48毫升	7	1	喷雾
	16 000国际单位/毫克苏云金杆菌可湿性粉剂	75～100克	1	—	喷雾
	30%茚虫威水分散粒剂	6～9克	5～7	3	喷雾
斑潜蝇	10%溴氰虫酰胺可分散油悬浮剂	33.3～40毫升	3	2	喷雾
	60克/升乙基多杀菌素悬浮剂	50～58毫升	3	2	喷雾
蚜虫	50克/升双丙环虫酯可分散液剂	10～16毫升	3	2	喷雾
	1.5%苦参碱可溶液剂	30～40毫升	10	1	喷雾
炭疽病	43%氟菌·肟菌酯悬浮剂	20～30毫升	3	2	喷雾
	325克/升苯甲·嘧菌酯悬浮剂	40～60毫升	7	3	喷雾

（续）

病虫害	药剂	每亩施用量	安全使用间隔期（天）	每季最多施用次数	用药方式
锈病	40%腈菌唑可湿性粉剂	13 ～ 20克	3	2 ～ 3	喷雾
	70%硫磺·锰锌可湿性粉剂	150 ～ 250克	3	2 ～ 3	喷雾
	20%噻呋·吡唑酯悬浮剂	40 ～ 50毫升	3	2	喷雾
	29%吡萘·嘧菌酯悬浮剂	45 ～ 60毫升	3	3	喷雾

主要参考文献

REFERENCES

白义川，谷希树，胡学雄，等，2006. 高温对美洲斑潜蝇蛹的致死效应[J]. 中国农学通报 (9): 368-370.

陈炯，郑红英，程晔，等，2001. 豇豆病毒病病原的分子鉴定[J]. 病毒学报 (4): 368-371.

陈祎，张伟，赵丹，等，2019. 甜菜夜蛾几丁质脱乙酰酶SeCDA2a的外源表达及酶活力测定[J]. 北京农学院学报，34(1): 34-38.

程蕾，2011. 豇豆炭疽病的发生与防治对策[J]. 植物医生，24(5): 16-17.

戴富明，2018. 长江流域设施蔬菜主要病害与防治策略[J]. 长江蔬菜 (12):35-38.

邓东，2021. 三种豌豆病害病原菌鉴定[D]. 北京：中国农业科学院.

顾耘，孙丽娟，孙立宁，2008. 高温对两种斑潜蝇的高温致死作用研究[J]. 青岛农业大学学报(自然科学版)，88(1): 14-16.

郝丹东，2004. 美洲斑潜蝇发生规律与防治技术研究[D]. 杨凌：西北农林科技大学.

何超，2017. 谷胱甘肽转移酶介导B、Q烟粉虱药剂敏感性差异的分子机制研究[D]. 长沙：湖南农业大学.

何永梅，李丽蓉，贺铁桥，2018. 豇豆轮纹病综合防治技术[J]. 植物医生，31(7): 40.

胡波，2019. 甜菜夜蛾细胞色素P450和谷胱甘肽-S-转移酶基因的转录调控机制[D]. 南京：南京农业大学.

黄伟康，孔祥义，柯用春，等，2018. 普通大蓟马的研究进展[J]. 中国蔬菜，348(2): 21-27.

蒋力，2019. 蔬菜上美洲斑潜蝇的识别与防治[J]. 现代农业，514(4): 35-36.

李宝聚，柴阿丽，林处发，等，2009. 李宝聚博士诊病手记（十四）武汉双柳地区豇豆炭疽病的发生与防治[J]. 中国蔬菜，191(13): 22-23, 56.

李春燕，季洁，陈恩，等，2021.不同温度下豆蚜在闽南饲用（印度）豇豆上的发育及试验种群生命表[J].草业科学，38(2):371-377.

李宏东，2019. 秋季豇豆锈病综合防控[J]. 西北园艺（综合），263(3): 51.

李健冰，刘志恒，安心，等，2014. 辽宁省豇豆轮纹病病原菌鉴定及杀菌剂毒力测定[J]. 沈阳农业大学学报，45(2): 228-231.

李秋洁，符启位，吴乾兴，等，2016. 三亚市豇豆根腐病病原菌的分离与鉴定[C]//植保科技创新与农业精准扶贫——中国植物保护学会2016年学术年会论文集.北京：中国农业科学技术出版社: 362.

李显石，2016. 豇豆疫病与细菌性疫病的区别与防治措施[J]. 农技服务，33(6): 121.

廖凌云，文礼章，2007.豇豆荚螟雌蛾交配规律的研究[J].湖南农业科学(4):132-134.

罗晨，张芝利，2000. 烟粉虱*Bemisia tabaci*(Gennadius)研究概述[J]. 北京农业科学(S1): 4-13.

罗进仓，魏玉红，邓刚，等，2004. 温、湿度对南美斑潜蝇和美洲斑潜蝇羽化的影响[J]. 昆虫知识(5): 478-480.

裴冬丽，韩霜，2021. 河南省商丘市豇豆白粉病病原菌鉴定[J]. 植物保护学报，48(4): 933-934.

彭昌家，白体坤，丁攀，等，2016. 4种药剂防治温室秋豇豆炭疽病效果研究[J]. 中国农学通报，32(17): 56-60.

秦丽，2013. 中国境内烟粉虱隐种分子鉴别及生殖隔离程度研究[D]. 杭州：浙江大学.

史彩华，2017.“日晒高温覆膜法”在韭蛆防治中的应用[J]. 中国蔬菜，341(7): 90.

史峰，2014. 豇豆疫病的症状及防治[J]. 现代农村科技，484(12): 30.

司凤举，司越，2005. 豇豆锈病菌五个阶段的症状特征与病害防治[J]. 长江蔬菜(7): 26-27, 54.

谭晓丽，瞿云明，王雪武，等，2011. 几种药剂混用对豇豆根腐病的防治效果[J]. 中国蔬菜，242(15): 26-27.

汪兴鉴，黄顶成，李红梅，等，2006. 三叶草斑潜蝇的入侵、鉴定及在中国适生区分析[J]. 昆虫知识 (4): 540-545, 589.

王光中，闫旭，2015. 汉中地区豇豆病毒病的发生与防治[J]. 现代农业科技，646(8): 148.

王竑晟，2003. 温度和营养对甜菜夜蛾生殖的影响[D]. 泰安：山东农业大学.

王慧姝，2012. 甜菜夜蛾对寄主植物的适应性研究[D]. 哈尔滨：黑龙江大学.

王强，戴惠学，2011. 防虫网覆盖条件下豇豆病虫害发生规律与防治对策[J]. 长江蔬菜 (4):71-74.

王爽，孔祥义，林春花，等，2012. 豇豆轮纹病病原鉴定及其室内药剂筛选[J]. 热带农业科学，32(5): 61-65.

王爽，许如意，刘勇，等，2016. 海南豇豆主要病虫害的发生及防治技术[J]. 长江蔬菜 (19):51-54.

吴菡，2010. 豆荚野螟的形态鉴别及发生规律[J]. 农技服务，27(5):580-581.

吴松，2007. 豇豆锈病发生规律与防治技术研究[J]. 上海蔬菜，96(5): 99-100.

夏西亚，付步礼，李强，等，2017. 蓟马类害虫诱控技术研究进展 [J]. 农学学报，7(2): 31-35.

相君成，雷仲仁，王海鸿，等，2012. 温度对美洲斑潜蝇和南美斑潜蝇种间竞争的影响[J]. 植物保护，38(3): 50-53.

向娟，吴传秀，李智荣，等，2020. 生物与化学药剂对设施豇豆根腐病防治效果比较[J]. 四川农业科技，398(11): 66-67, 70.

肖芬，2007. 豇豆荚螟的生物学特性及人工饲养方法的研究[D]. 长沙：湖南农业大学.

肖敏，曾向萍，严婉荣，等，2015. 海南豇豆枯萎病病原鉴定及生物学特性初步研究[J]. 基因组学与应用生物学，34(2): 345-349.

肖敏，严婉荣，曾向萍，等，2021. 豇豆轮纹病病原菌鉴定及ITS分析[J]. 分子植物育种, 19(3): 1038-1044.

肖思, 2019. 我国烟粉虱隐种分布、带毒率及田间抗性监测[D]. 长沙：湖南农业大学.

徐金汉, 关雄, 黄志鹏, 等, 1999. 不同温湿度组合对甜菜夜蛾生长发育及繁殖力的影响[J]. 应用生态学报 (3): 80-82.

许忠顺, 薛原, 张丽, 等, 2020. 防治斜纹夜蛾蛹和2龄幼虫的棒束孢菌株筛选[J]. 植物保护, 46(5): 93-101.

闫凯莉, 2016. 普通大蓟马复眼形态结构及其趋光色行为研究 [D]. 广州：华南农业大学.

闫文雪, 石延霞, 柴阿丽, 等, 2019. 豇豆根腐病病原菌鉴定[J]. 植物保护学报, 46(3): 717-718.

杨真, 2016. 云南省烟草蓟马种类及其天敌种类研究 [D]. 昆明：云南农业大学.

益浩, 2014. 美洲斑潜蝇和三叶草斑潜蝇不同虫态间的竞争研究[D]. 西安：陕西师范大学.

虞国跃, 张君明, 2021. 甜菜夜蛾的识别与防治[J]. 蔬菜, 370(10): 82-85.

虞国跃, 张君明, 2021. 斜纹夜蛾的识别与防治[J]. 蔬菜, 368(8): 82-83, 89.

张文军, 2011. 日光温室蓟马的发生与综合防治[J]. 农业科技与信息, 358(5): 31-32.

张须堂, 2013. 如何防治豇豆根腐病[J]. 现代农村科技, 451(3): 33.

张学利, 2020. 美洲斑潜蝇的发生特点及防治[J]. 现代农业, 523(1): 50.

张治科, 张烨, 吴圣勇, 2016. 西花蓟马在宁夏的发生及防控措施[J]. 植物检疫, 30(4): 75-77.

赵英, 郭旭新, 霍海霞, 等, 2016. 凤县菜豆炭疽病综合防治技术[J]. 西北园艺(蔬菜), 233(6): 31-32.

周辉凤, 2008. 不同地理种群花蓟马和几种常见蓟马的mtDNA CO Ⅰ序列分析[D]. 杨凌：西北农林科技大学.

祝晓云, 2012. 台湾花蓟马和棕榈蓟马雄虫聚集信息素的提取分离鉴定 [D]. 南京：南京农业大学.

图书在版编目（CIP）数据

豇豆常见病虫害诊断与防控技术手册/谢文主编
. —北京：中国农业出版社，2022.6（2022.8重印）
（“三棵菜”安全生产系列）
ISBN 978-7-109-29437-0

Ⅰ.①豇… Ⅱ.①谢… Ⅲ.①豇豆–病虫害防治–技术手册 Ⅳ.①S436.43-62

中国版本图书馆CIP数据核字（2022）第087390号

中国农业出版社出版
地址：北京市朝阳区麦子店街18号楼
邮编：100125
责任编辑：阎莎莎
版式设计：王 晨　　责任校对：吴丽婷　　责任印制：王 宏
印刷：北京通州皇家印刷厂
版次：2022年6月第1版
印次：2022年8月北京第2次印刷
发行：新华书店北京发行所
开本：880mm × 1230mm　1/32
印张：3
字数：65千字
定价：29.00元

版权所有 · 侵权必究
凡购买本社图书，如有印装质量问题，我社负责调换。
服务电话：010－59195115　010－59194918